本书精彩案例欣赏

◎ B1.1　INS 风 VSCO 色调

◎ B1.3　INS 风波西米亚清新旅拍色调

◎ B1.6　暗橙胶片色

◎ B2.5　黑暗巧克力胶片色调

◎ B2.1　城市电影色调

◎ B2.2　冬季旅拍风光色调

◎ B2.3　冬季人像暖色调

◎ B2.4　高级灰色调

◎ C1　咖啡暖色调

◎ B2.6　街拍暗蓝色调

◎ C10　时尚粉灰色调

Capture One 22 Pro
高级实战教程

姜同辉 ◎编著

清華大學出版社
北 京

内 容 简 介

本书为Capture One的实战教程，也是专业的Capture One软件的自学用书。通过本书的学习，读者将从零认识Capture One软件，了解该软件核心的无损色彩和细节还原功能，学会软件的使用技巧以及调色方法。该软件的特色功能可让用户体验强大的范围编辑操作，从选择性的色调调整到精确的颜色分级，保留完整的色彩信息。

本书以Capture One 22 Pro版本进行讲解，深度解析调色技法和理论，提供精彩的实战案例，使理论与实践相结合。本书的内容主要包括软件的基础知识、高级调色运用以及大师调色技法。通过对本书的学习，相信读者能够灵活地掌握软件的用法，并将调色技法进行综合应用，达到商业级调色的水准。

图书在版编目（CIP）数据

Capture One 22 Pro高级实战教程 / 姜同辉编著. —北京：清华大学出版社，2022.8
ISBN 978-7-302-61192-9

Ⅰ. ①C… Ⅱ. ①姜… Ⅲ. ①图像处理软件—教材 Ⅳ. ①TP391.413

中国版本图书馆CIP数据核字（2022）第111629号

责任编辑：贾旭龙　贾小红
封面设计：闰江文化
版式设计：文森时代
责任校对：马军令
责任印制：宋　林

出版发行：清华大学出版社
网　址：http://www.tup.com.cn，http://www.wqbook.com
地　址：北京清华大学学研大厦A座　**邮　编**：100084
社 总 机：010-83470000　**邮　购**：010-62786544
投稿与读者服务：010-62776969，c-service@tup.tsinghua.edu.cn
质量反馈：010-62772015，zhiliang@tup.tsinghua.edu.cn
印 装 者：小森印刷霸州有限公司
经　销：全国新华书店
开　本：184mm×240mm　**印　张**：14　**插　页**：2　**字　数**：267千字
版　次：2022年10月第1版　**印　次**：2022年10月第1次印刷
定　价：89.80元

产品编号：090906-01

创作背景

Capture One是专业的原始文件转换器和图像编辑软件。Capture One从最初的8.0版升级到了现在的22版，功能更加强大了，它将所有必备工具和高端性能融于一体，使用户可以在一套快捷、灵活且高效的工作流程中捕获、整理、编辑、分享以及打印图像。Capture One强大且易操作的工具组合用于专业摄影，以精致的色彩和细节实现卓越的图像品质。

Capture One拥有无限制批量冲洗、多张对比输出、色彩曲线编辑、数码信息支持、附加对数码相机RAW文件支持等功能。该软件可以提供很好的图像转换质量，工作流程获得了来自全世界用户的好评。使用Capture One可以彻底改善RAW文件的图像质量，且该软件的工作方式符合摄影师的习惯。

Capture One在处理RAW程序时智能化程度很高，为摄影师节省了很多时间，使其可以把更多的时间用在拍摄上。当用户对图像进行修改后，使用Capture One可以实时预览调整效果，该效果与最终结果一致。

配套资源

Capture One是处理RAW文件的利器，其在色彩细节处理方面强于Photoshop，支持相同处理方案批量RAW文件转换功能，支持佳能处理软件（Canon File Viewer Utility）和尼康处理软件（Nikon Capture）。Capture One提供了更有创意的控制功能，完善的用户界面将给用户带来更高效、更直观的使用体验。

本书除了以图文方式讲解之外，还配有电子资源，读者可扫描封底的“文泉云盘”二维码获取。

关于作者

姜同辉，从业摄影后期制作 14 年，现为淘宝教育资深后期培训讲师、网易云课堂资深后期培训讲师、翼虎网认证后期培训讲师、影楼样片修调培训讲师、高端商业人像修图培训讲师、时尚人像摄影师、黑光网时尚达人、创艺教育修图培训机构创始人。

作者还著有“Photoshop 精通到高级全能技法”“高端影楼样片修图调色全能技法”“高端商业人像修图调色全能技法”“Affinity Photo 摄影后期调色软件基础实战教程”“Lightroom Classic 高级实战教程”等视频教程，发布于淘宝教育、网易云课堂。全部课程所涉及的技法全面，实战性强，深受学员们喜爱。

因本人能力和技术有限，对知识和技法的讲解很难做到十全十美，书中难免存在不足之处，还请广大读者批评指正，同时也欢迎广大读者提出宝贵的意见。

姜同辉

2022 年 8 月

目录 Catalogue

软件使用篇　软件操作　夯实基础

SMILE:)

SMILE:)

高手篇 Capture One 大师调色技法

软件使用篇

软件操作
夯实基础

A1 课 Capture One 准备和介绍

本章主要讲解 Capture One 22 Pro 的概述、取消硬件加速的方法以及创建目录与会话的方法等。

A1.1 Capture One 22 Pro 概述

Capture One 22 Pro 以前的版本在本书中不进行介绍，太旧的版本已经不能支持新型相机的 RAW 格式文件。

Capture One 12 版升级到 22 版之后，软件功能在相机的原格式文件支持上有了质的飞跃，运行速度大大提升，且完美兼容苹果 M1 芯片系统。Capture One 22 Pro 能够解开最新型相机的原格式 RAW/RAF/CR3 文件，根据相机厂商不断发布的最新的相机型号，Capture One 也会相应更新对相机原格式的兼容文件。Capture One 从 12 版之后，在图标上也有了改进，我们来看一下不同版本软件图标的对比，如图 A1-1 所示。

Capture One Pro 12　　Capture One 22 Pro

◎ 图 A1-1

Capture One 22 Pro 对于不同相机的图标颜色都有所区别，如图 A1-2 所示。

◎ 图 A1-2

Capture One 22 Pro 的软件功能更加完善，对相机的兼容性更好，处理图像更加方便，运行速度非常快。支持 500 种相机型号，功能强大，通用性强。

尼康 22 版专门为尼康系列品牌的用户使用，支持所有尼康品牌的机型使用。

佳能 22 版专门为佳能系列品牌的用户使用，支持所有佳能品牌的机型使用。

索尼 22 版专门为索尼系列品牌的用户使用，支持所有索尼品牌的机型使用。

富士 22 版专门为富士系列品牌的用户使用，支持所有富士品牌的机型使用。

Capture One 22 Pro 更新了调整工具的滚动条，如图 A1-3 所示。

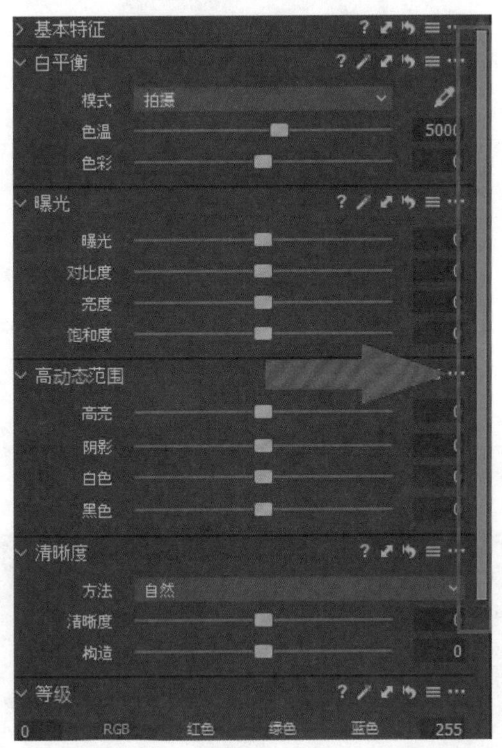

◎ 图 A1-3

全新的色彩编辑器，如图 A1-4 所示。

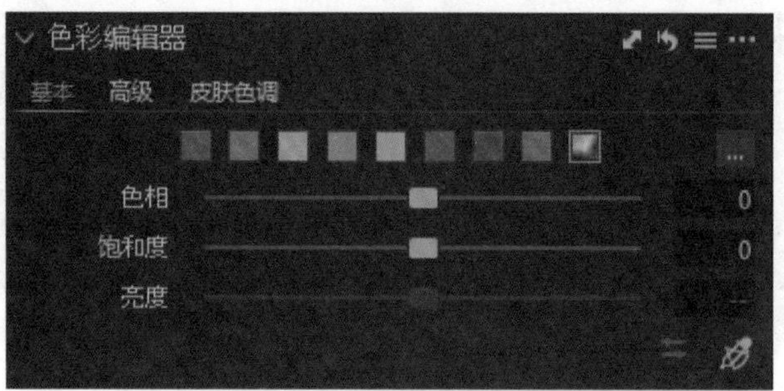

◎ 图 A1-4

优化了剪切工具，如图 A1-5 所示。

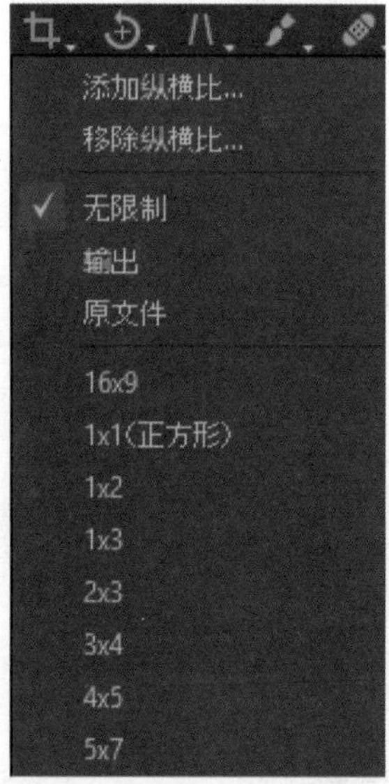

◎ 图 A1-5

提升了降噪性能，如图 A1-6 所示。

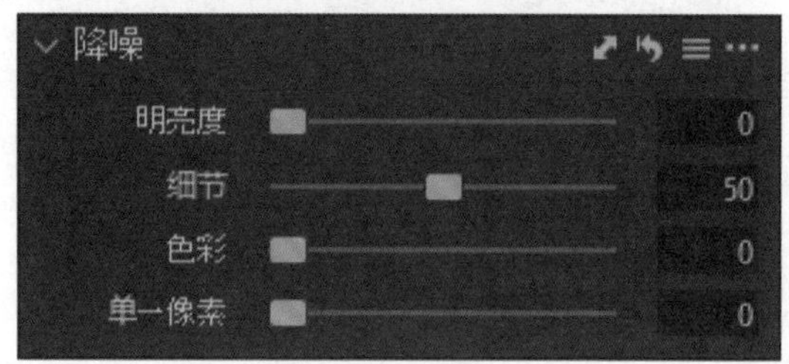

◎ 图 A1-6

增强了高动态范围工具，如图 A1-7 所示。

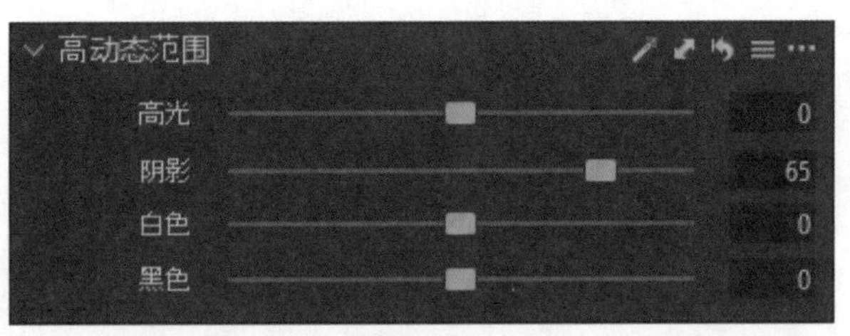

◎ 图 A1-7

优化了图层复制应用工具，如图 A1-8 所示。

◎ 图 A1-8

增加了 DNG 文件支持，如图 A1-9 所示。
优化了选择工具，如图 A1-10 所示。

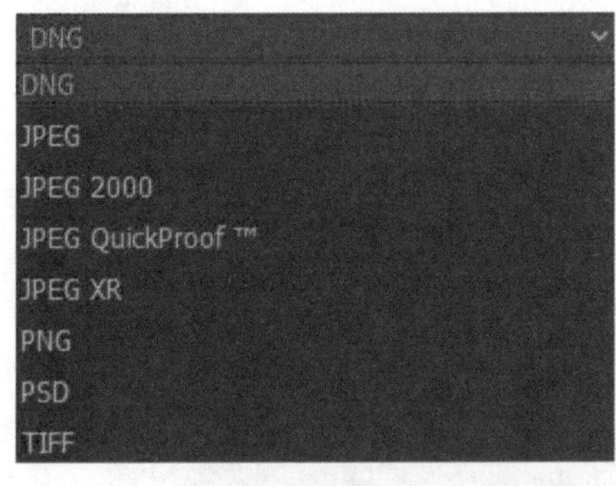

◎ 图 A1-9

◎ 图 A1-10

增加了可以快速编辑控制精准度和敏感度的偏好设置选项，如图 A1-11 所示。

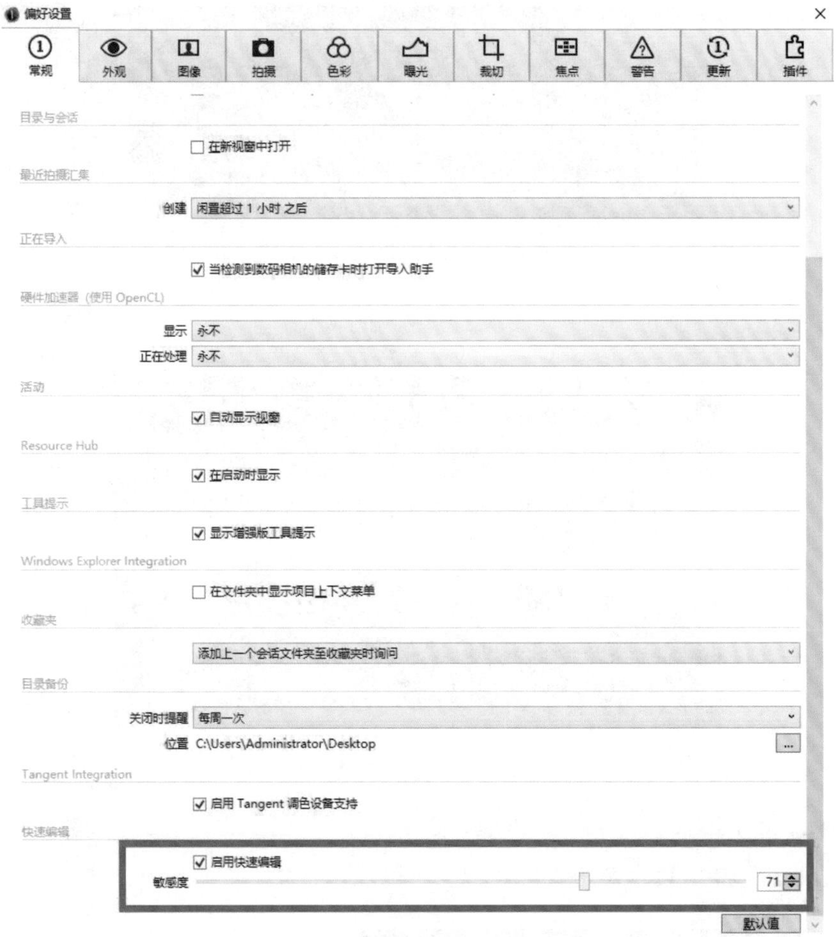

◎ 图 A1-11

对于新增工具，使用小图注释进行说明，如图 A1-12 所示。

◎ 图 A1-12

新增时长 30 秒到 3 分钟的教学视频，这是为了方便新手学习，因为官方教程已经不能满足求学习者的需求了，如图 A1-13 所示。

◎ 图 A1-13

新增除雾工具，Photoshop 也有类似功能，但 Capture One 22 Pro 的更为优秀，它有阴影色调处理功能，可以设置为自动或手动，以平衡阴影或暗部色彩，如图 A1-14 所示。

◎ 图 A1-14

新增相机配置文件，如图 A1-15 所示。

sony	Nikon	Canon	Phase One	Lica
A7 III	D810	5D II	IQ3 100	S3
A7R III	D850	5D III	IQ4 150	SL2
A7R IV	Z6	5D IV		
A7C		R5		
A6000		5DS R		
A6300				

◎ 图 A1-15

A1.2　取消硬件加速

Capture One 22 Pro 支持 macOS 和 Windows 7/8/10 系统，在 Windows 系统上

安装软件时必须选择专业版。

macOS 系统版本在 10.13 及以上的计算机，都可以直接安装 Capture One 22 Pro，macOS 系统版本在 10.13 以下的，只能安装 12 版或更低版本的软件。使用黑苹果（在非苹果计算机上安装苹果操作系统的机器）的用户注意了，该软件是不支持安装的。

软件安装成功后，我们需要提高软件的运行速度和图像处理读取的速度，所以必须关闭硬件加速功能。在 macOS 中打开软件，选择 Capture One 里的“预置”，在“常规”中关闭硬件加速，如图 A1-16 所示。

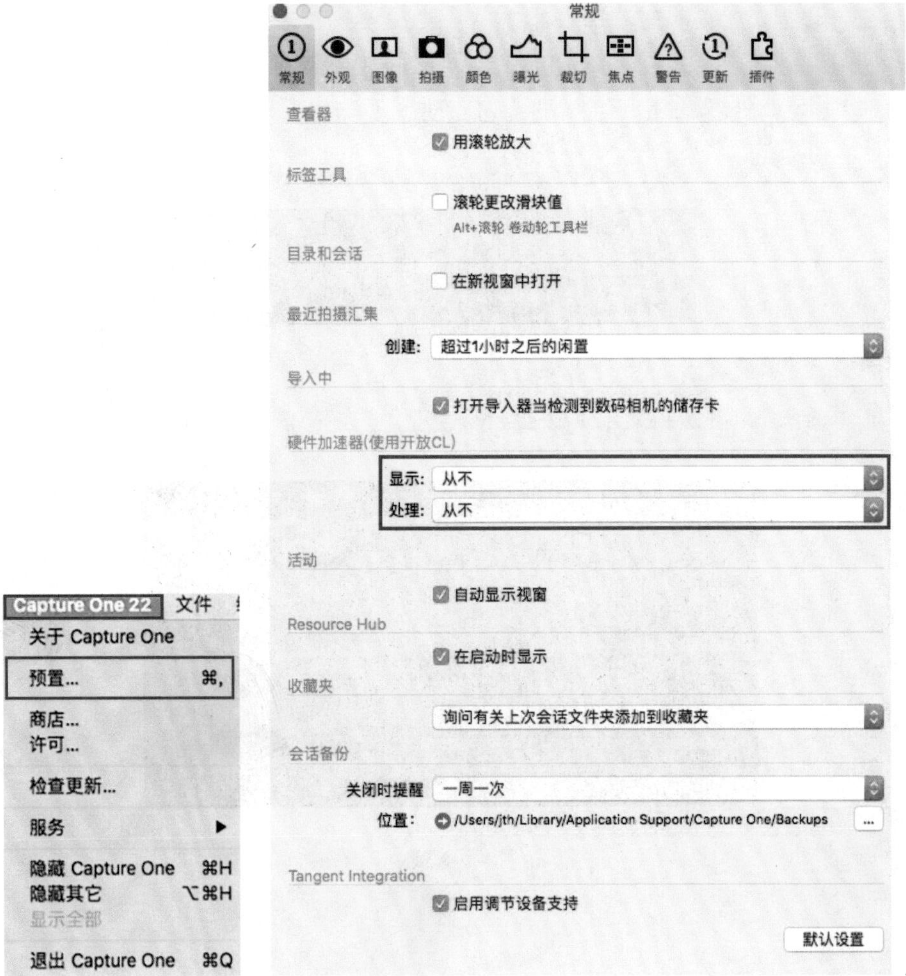

◎ 图 A1-16

在 Windows 操作系统上的设置方法为，打开软件，选择“编辑”菜单中的“偏好设置”，在“常规”中关闭硬件加速，如图 A1-17 所示。

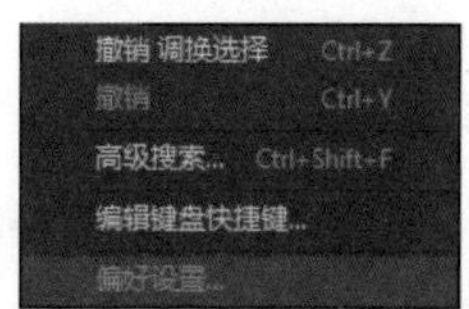

◎ 图 A1-17

在 Windows 系统上安装软件时，可能会出现默认语言不是中文的情况，其解决方法是选择“编辑→偏好设置→常规”，把语言改成中文，如图 A1-18 所示。

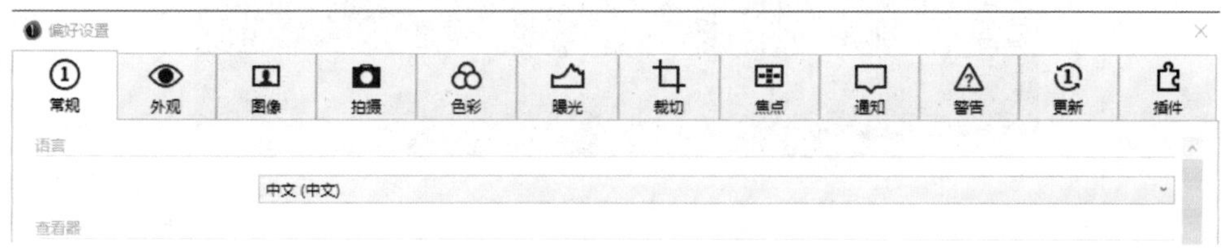

◎ 图 A1-18

完成以上全部设置后，关闭软件，再重新打开就记录了所有的设置。

A1.3 目录与会话

在使用 Capture One 22 Pro 时，可以新建目录和会话。新建目录是统一整理和存储用户的作品图库的最佳选择，需要先将图像导入目录，然后才能进行编辑，因此这是摄影师普遍使用的功能。新建会话是一个快捷的管理工具，适用于有限图像数量的拍摄，可以通过访问图像所在的位置进行编辑，也可以将图像导入会话后再进行编辑，推荐在联机拍摄时使用。

在软件左上方的“文件”菜单中，选择“新建目录（快捷键为 Ctrl+Shift+N）”设置存储图像的路径，设置完成后，单击“好”按钮即可，如图 A1-19 所示。

◎ 图 A1-19

选择“新建会话（快捷键为 Ctrl+N）”，设置联机拍摄存储图像的路径，设置完成后，单击“好”按钮即可，如图 A1-20 所示。

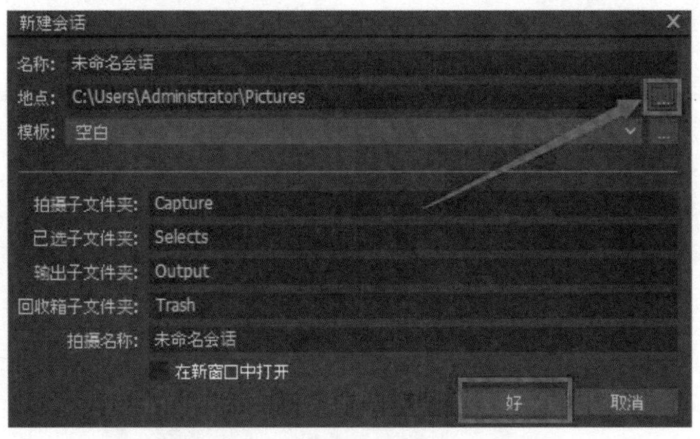

◎ 图 A1-20

在图库中也可以新建目录和新建会话，如图 A1-21 所示。

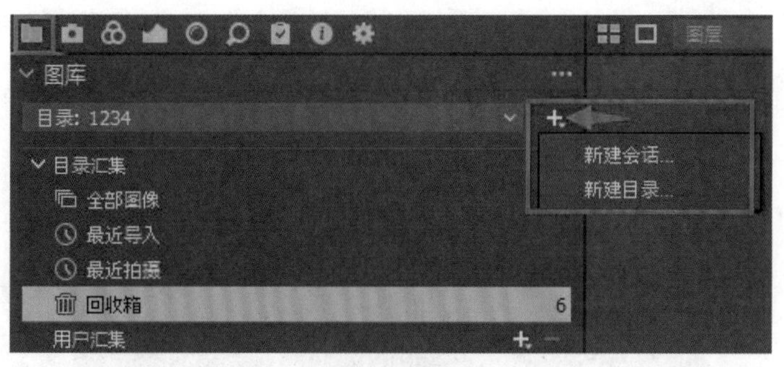

◎ 图 A1-21

在图库中可以切换目录，寻找所需的图像保存在了哪个目录里，如图 A1-22 所示。

◎ 图 A1-22

在图库中也可以清除所有存储的目录和会话，它只能保存当前的新建目录信息，如图 A1-23 所示。

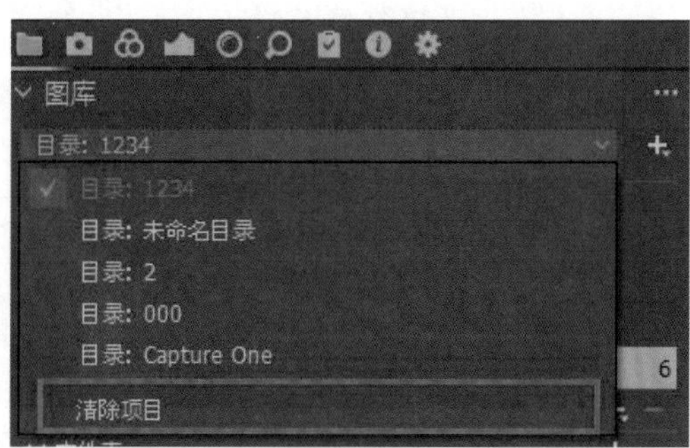

◎ 图 A1-23

在图库中有回收箱，用来收集所有被删除的图像，已被删除的图像是无法再找回的，所以请谨慎操作，如果不小心删除了图像，只能新建目录，重新导入想

处理的图像后再进行调整。当回收箱中的文件过多时，可以选择“清空目录回收箱”，以减少文件缓存占用的空间，如图 A1-24 所示。

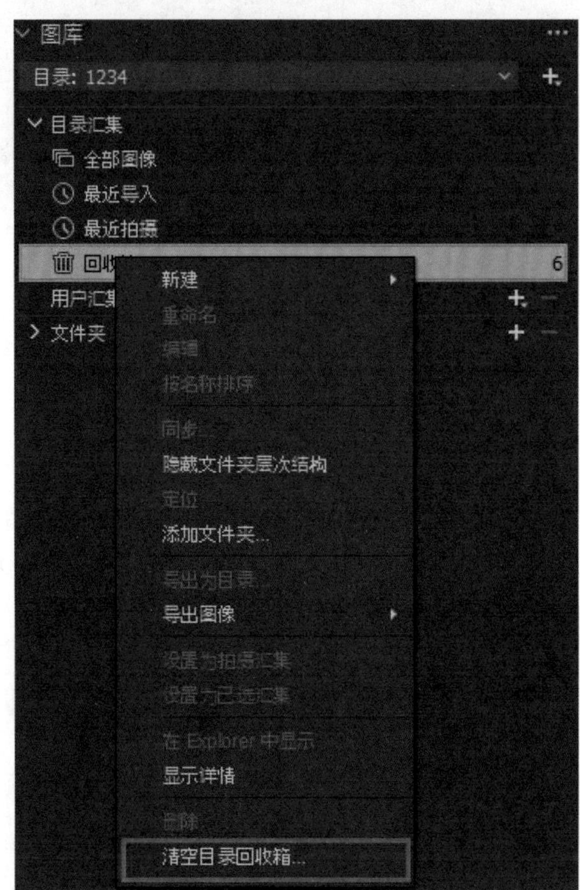

◎ 图 A1-24

A2 课

Capture One 功能与工具命令

A2.1　图像的导入和导出

Capture One 22 Pro 导入图像有 4 种常用的方法，选择一个用着顺手的导入方法即可。

第一种方法是快捷键导入。按 Ctrl+Shift+I 快捷键，选择照片存储的路径，单击“全部导入”按钮，将图像导入软件中，如图 A2-1 所示。

第二种方法是直接单击工作区中的“导入图像”图标，选择照片存储的路径，单击“全部导入”按钮，将图像导入软件中，如图 A2-2 所示。

◎ 图 A2-1

◎ 图 A2-2

第三种方法是在软件界面的左上角单击“导入”图标，选择照片存储的路径，单击“全部导入”按钮，将图像导入软件中，如图 A2-3 所示。

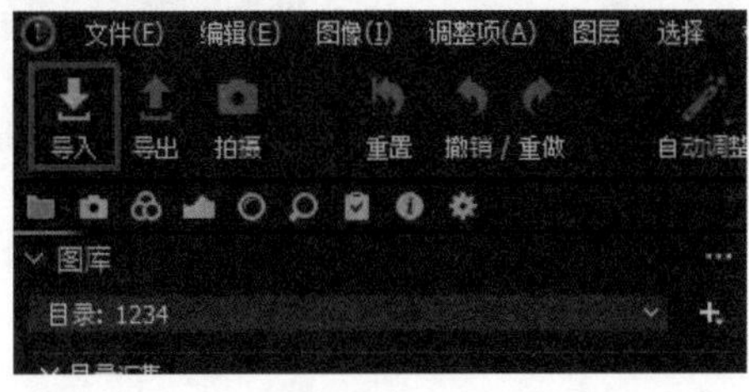

◎ 图 A2-3

第四种方法是打开存放照片的文件夹，选择图像，直接将其拖动到软件中，在弹出的对话框中单击“全部导入”按钮，如图 A2-4 所示。

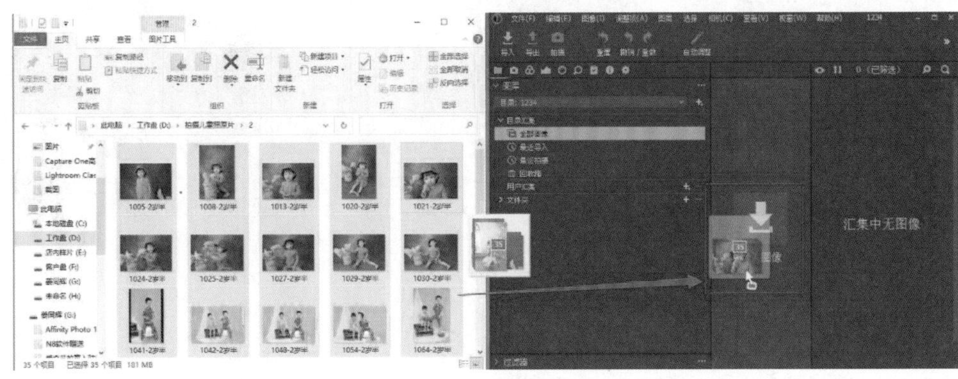

◎ 图 A2-4

图像调整完毕后需要导出，Capture One 22 Pro 导出图像的方法是选择导出变体，支持单个文件和批量文件导出。在面板右侧的图像浏览器中选择一张需要导出的图像，在图像上右击，在弹出的快捷菜单中选择“导出→变体”，如图 A2-5 所示。

◎ 图 A2-5

然后选择导出路径，设置需要导出图像的“格式”为JPEG，“画质”为100，“分辨率”为254或300，单击“导出”按钮即可，如图A2-6所示。

◎ 图 A2-6

A2.2 自定工具界面

在Capture One 22 Pro中，我们可以根据个人习惯，自定义属于自己的工具界面。

选择“查看”菜单中的“自定义工具”，我们可以选择将工具“置于右侧”，快捷键为Ctrl+Shift+T，如图A2-7所示。

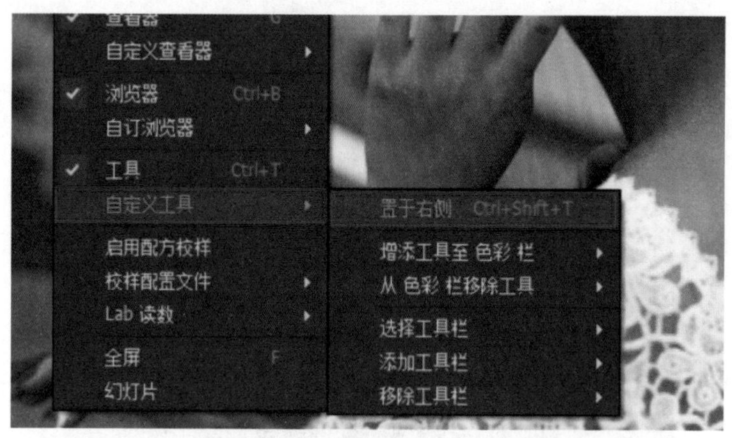

◎ 图 A2-7

A2.3 自定义调整命令面板

在 Capture One 22 Pro 中，有 4 项可供我们自定义调整的命令，我们只需要选择其中一项，自定义属于自己的工具面板即可，如图 A2-8 所示。

◎ 图 A2-8

例如，若要选择为调整命令项，先将所有的命令删除，删除的方法为在命令菜单中单击每个调整命令的小三角按钮，折叠全部命令，如图 A2-9 所示。

◎ 图 A2-9

然后在空白区域右击，在弹出的快捷菜单中选择“移除工具”，把所有的命令移除，如图 A2-10 所示。

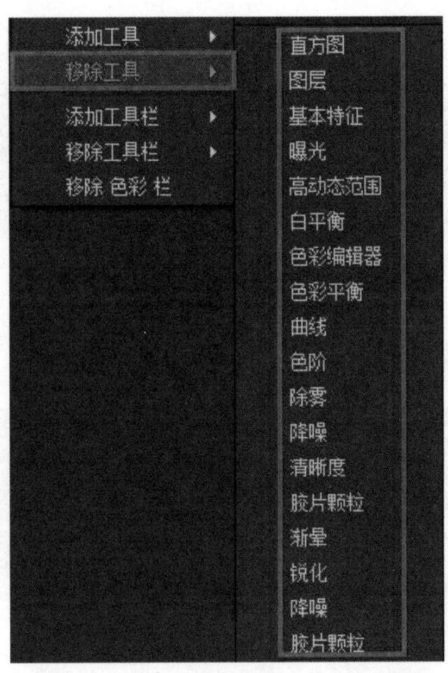

◎ 图 A2-10

移除工具后，再选择添加工具，可根据自己的需要添加，如图 A2-11 所示。

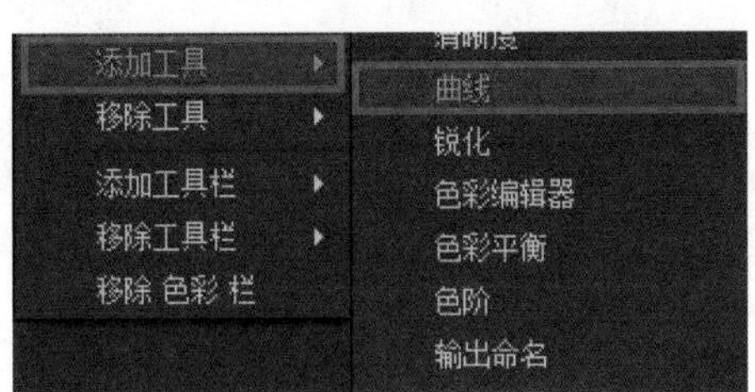

◎ 图 A2-11

A2.4　自定义工作区布局

如果用惯了 Lightroom 软件，也可将 Capture One 软件的界面设置成 Lightroom 界面那样的布局，因为飞思软件可以灵活地设置属于自己的工作区布局。

在 Capture One 中，我们可以将图像的浏览器和工具面板互换位置，形成 Lightroom 的布局风格。操作方法非常简单，只需要两步就可设置完成。首先选择“查看”菜单中的“自订浏览器”，选择将它“置于下方”，如图 A2-12 所示。

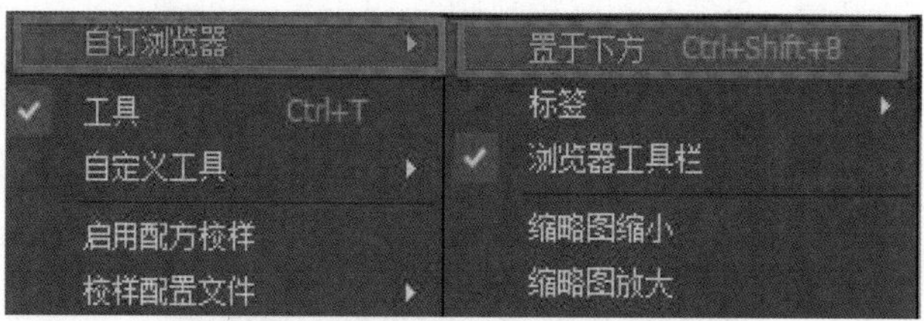

◎ 图 A2-12

再选择“查看”菜单中的“自定义工具→置于右侧”，如图 A2-13 所示。

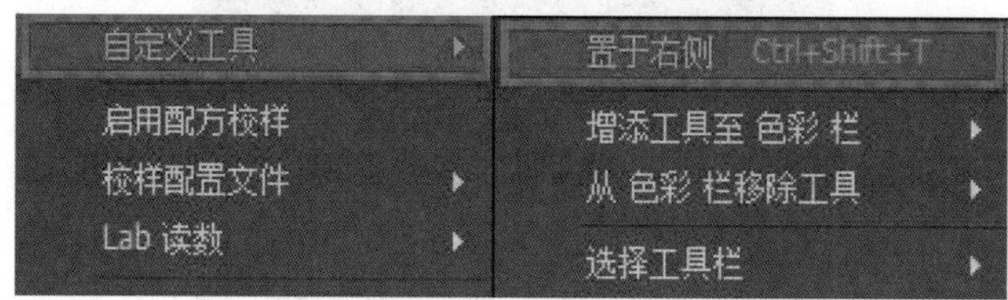

◎ 图 A2-13

A2.5 快捷键的设置

Capture One 22 Pro 可以灵活地设置快捷键，用户根据自己的想法设置即可。在此不建议大家更改默认的快捷键。设置快捷键的方法如下。

选择“编辑”菜单中的“编辑键盘快捷键”，如图 A2-14 所示。

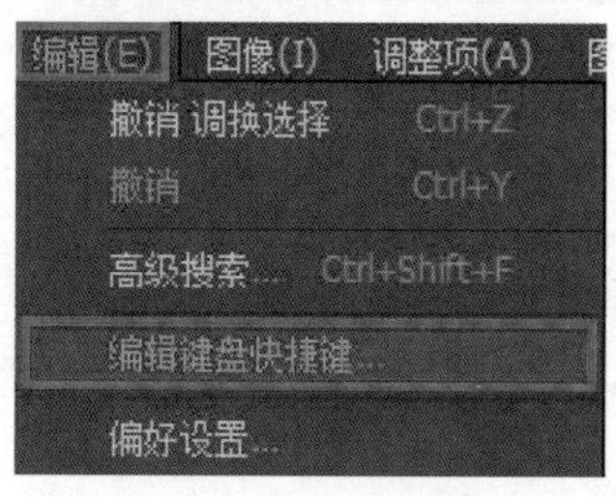

◎ 图 A2-14

然后在“键盘快捷键”对话框中选择“快速编辑键”，单击要更改快捷键的命令，按键盘上的退格键删除当前的快捷键，这时候会弹出“无法覆写默认群组”提示信息，单击“复制”按钮，如图 A2-15 所示。

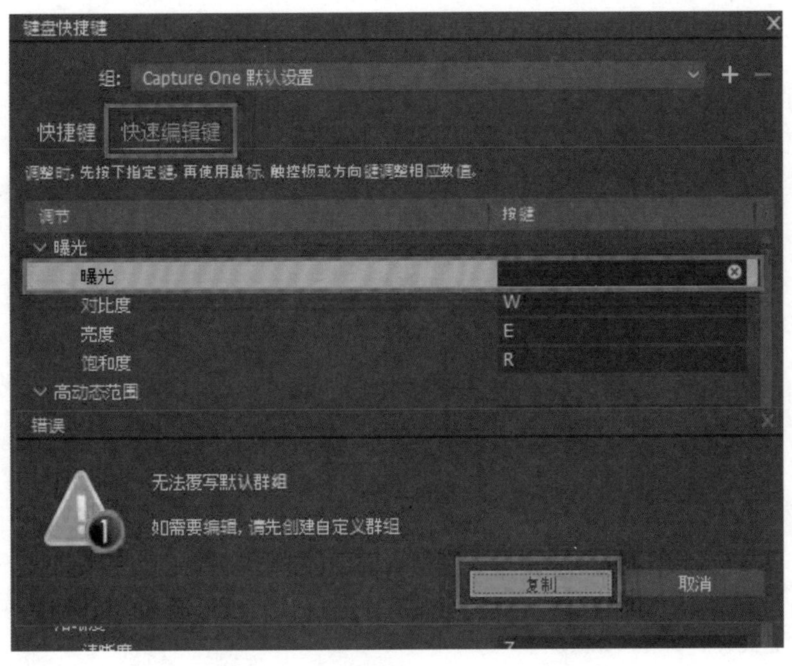

◎ 图 A2-15

此时弹出“保存键盘快捷键”对话框，输入一个群组名称，比如设置为 1，单击“好”按钮，在 1 组中，将“曝光”的快捷键设置成 P，改好以后，关闭对话框即可，如图 A2-16 所示。

◎ 图 A2-16

如果想删除已设置的快捷键，需要重新打开编辑面板，单击新建组右侧的“–”

按钮，删除已建立的快捷键组，恢复到默认状态，如图 A2-17 所示。

◎ 图 A2-17

A2.6 自定义工具栏

自定义 Capture One 的工具栏是最简单的，根据需要拖动和删减相应的图标即可。

打开设置面板的第一种方法是，在工作区上方右击，在弹出的快捷菜单中选择“自定义”，如图 A2-18 所示。

◎ 图 A2-18

第二种方法为选择“查看”菜单中的“自定义工具栏”，如图 A2-19 所示。

◎ 图 A2-19

打开设置面板后，将需要的图标拖动到面板中，再将不需要的图标放回工具栏管理箱即可，设置完毕，单击“完成”按钮，如图 A2-20 所示。

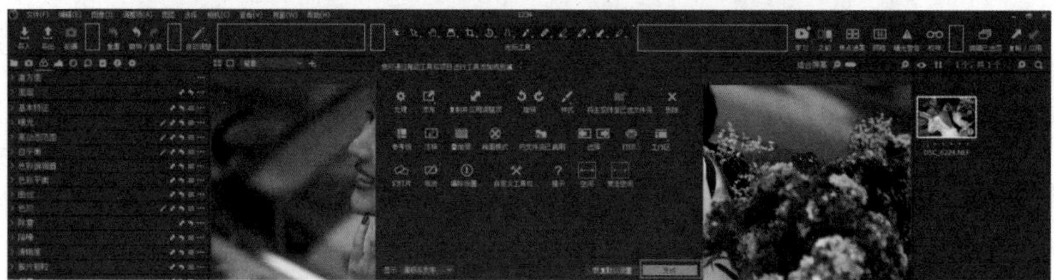

◎ 图 A2-20

A2.7 “文件”菜单

“文件”菜单用于管理导入和导出图像、新建目录和会话，以及软件的关闭等操作，所有的文件处理都要通过“文件”菜单执行，如图 A2-21 所示。

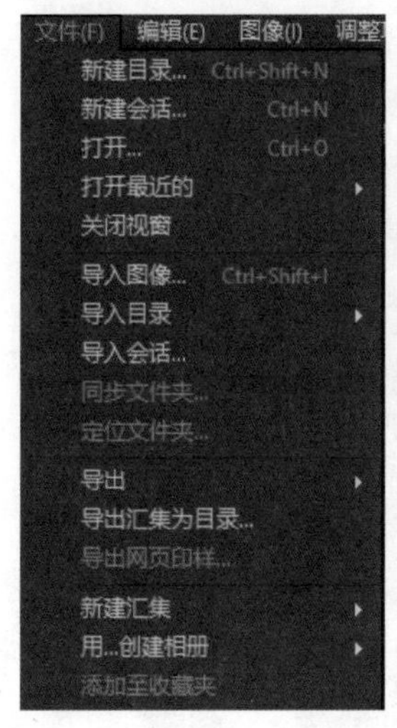

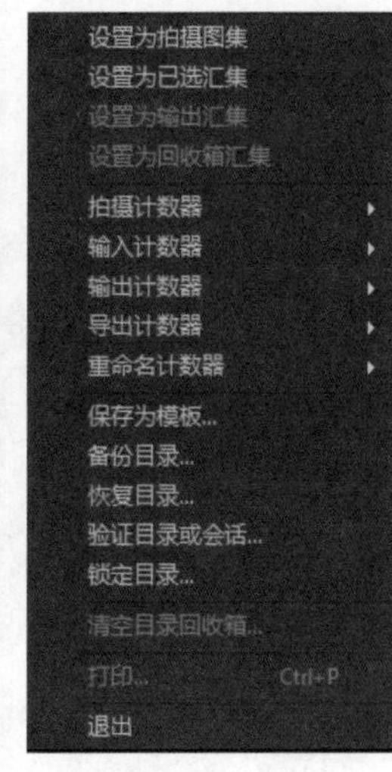

◎ 图 A2-21

A2.8 “编辑”菜单

使用 Capture One 的“编辑”菜单的撤销功能，可以撤销所有的调整结果，恢复到原始状态，如图 A2-22 所示。

使用“编辑键盘快捷键”功能，可以设置软件的快捷键。

接下来是“偏好设置”，这个选项中的知识点在 A1.2 节中已经讲过了，在“偏好设置”中，软件已自动将设置调整到了最佳状态，建议保持默认即可，如图 A2-23 所示。

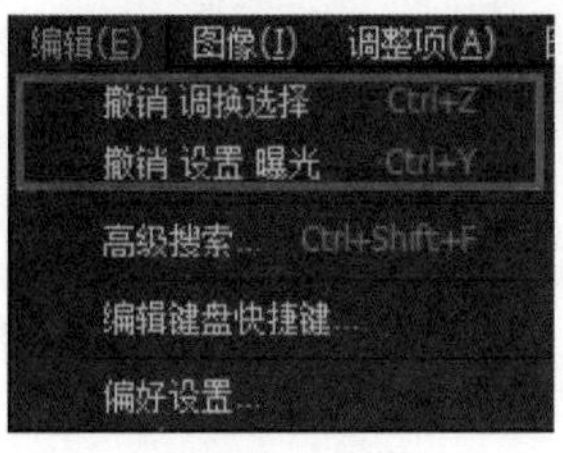

◎ 图 A2-22

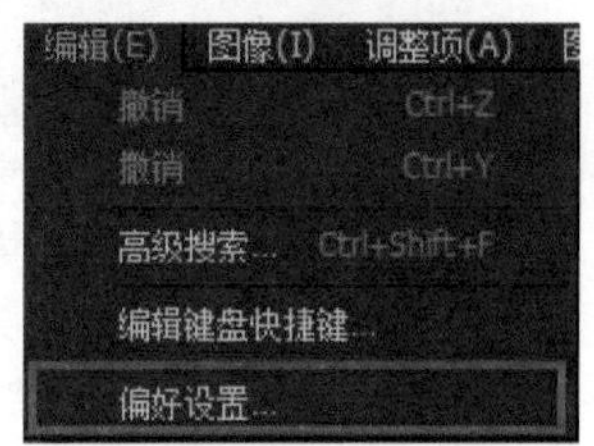

◎ 图 A2-23

A2.9 “图像”菜单

对于“图像”菜单，本课介绍 6 个常用命令，其他命令基本上不会用到，在此不进行介绍。

在 Capture One 的“图像”菜单中，第一个常用的命令为“重命名”。选择“重命名”可以更改单张照片的名称，也可以通过按 F2 键调出“重命名”选项栏，如图 A2-24 所示。

Windows 系统和 macOS 的快捷键有些不同，本课以 Windows 系统为例，在使用 macOS 时，可以单击“图像”菜单，在下拉菜单中查看当前的快捷键。重命名和批量重命名的区别在于重命名照片的数量不同。

在单击“重命名”后，图像的下方出现白色的选框，这时候就可以输入新的图像名称，然后按 Enter 键确定即可，如图 A2-25 所示。

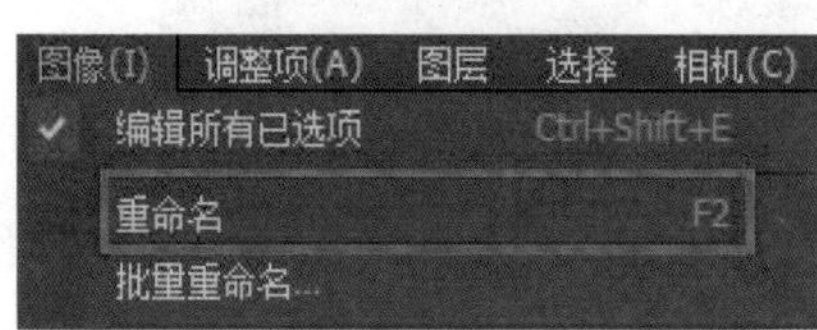

◎ 图 A2-24

◎ 图 A2-25

第二个常用的命令为“批量重命名”，它可以为多张图像编辑新名称。首先要全选照片，快捷键为 Ctrl+A，选择“图像”菜单中的“批量重命名”，在打开的“批量重命名”对话框中，只需要编辑“工作名称”，例如将其更改为 1，单击“重命名”按钮，如图 A2-26 所示。

◎ 图 A2-26

此时弹出一个确认对话框，提示“是否继续批量重命名？”，单击“重命名”按钮即可，如图 A2-27 所示。

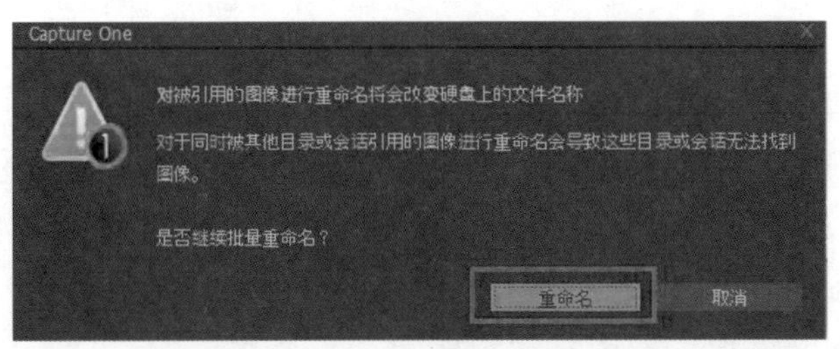

◎ 图 A2-27

可以用快捷键执行重命名，除了在“图像”菜单中调取运用，批量重命名也可以在全选照片后，通过右击，在弹出的快捷菜单中选择“批量重命名”来实现，如图 A2-28 所示。

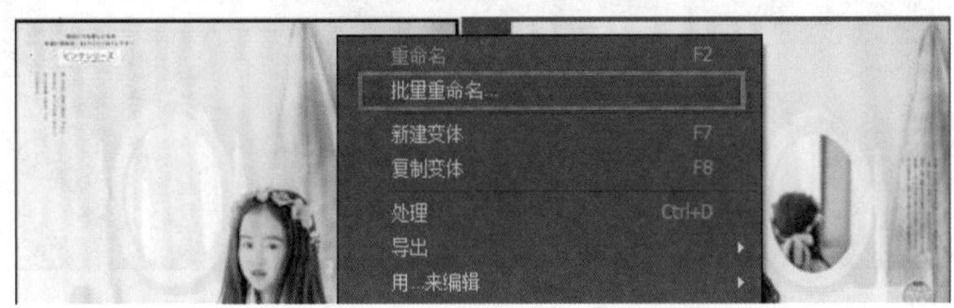

◎ 图 A2-28

重命名后的图像不能再恢复到之前的编号，因此请谨慎更改名称，我们来对比一下更改图像编号前后的效果，如图 A2-29 所示。

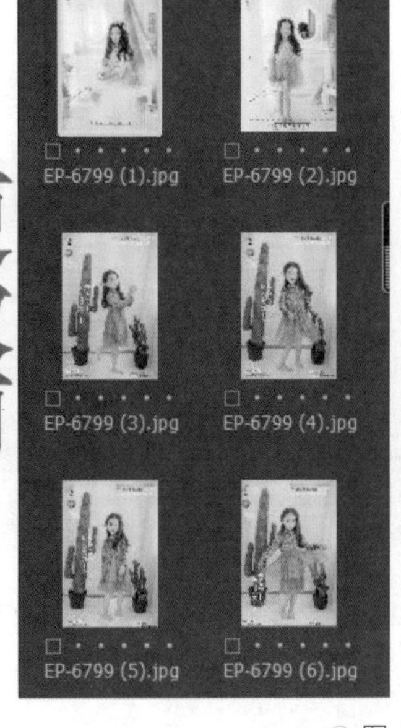

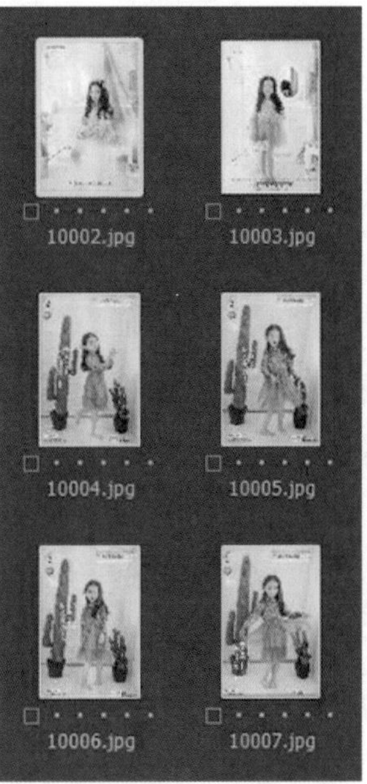

更改后

◎ 图 A2-29

第三个常用的命令为“新建变体”，快捷键为 F7，使用它可以直接将选中的图像复制生成一个新的副本，如图 A2-30 所示。

第四个常用的命令为“复制变体”，它和“新建变体”命令的功能一样，在使用中根据个人习惯，两者选择其一即可，若要删除新建变体，选中要删除的图像，直接按 Ctrl+Delete 快捷键即可。

第五个常用的命令为“用 ... 来编辑”，这项功能就是在 Capture One 中直接调用外部素材或打开第三方软件对选中的图像进行编辑，如图 A2-31 所示。

◎ 图 A2-30

◎ 图 A2-31

也可以在选中的图像上，右击执行此操作，如图 A2-32 所示。

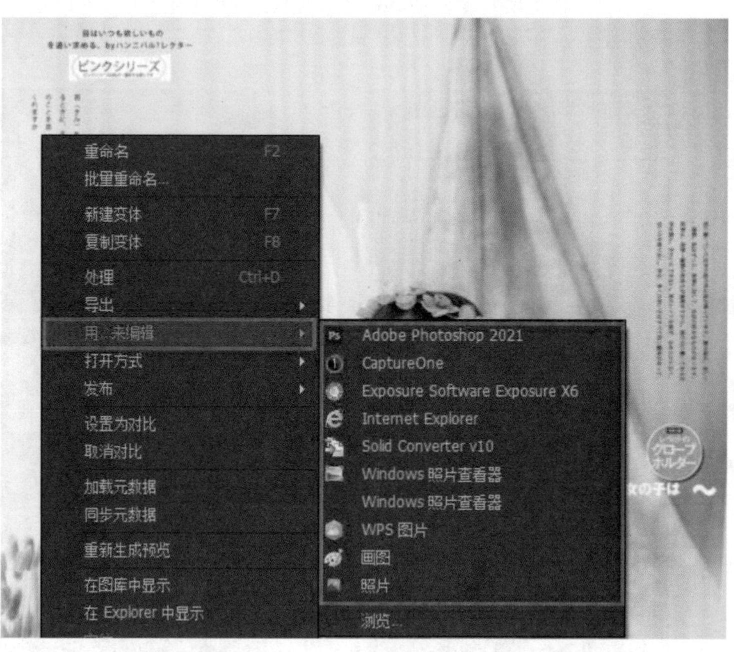

◎ 图 A2-32

第六个常用的命令为“打开方式”，使用它同样可以直接调用外部素材，或打开第三方软件对选中的图像进行编辑，如图 A2-33 所示。

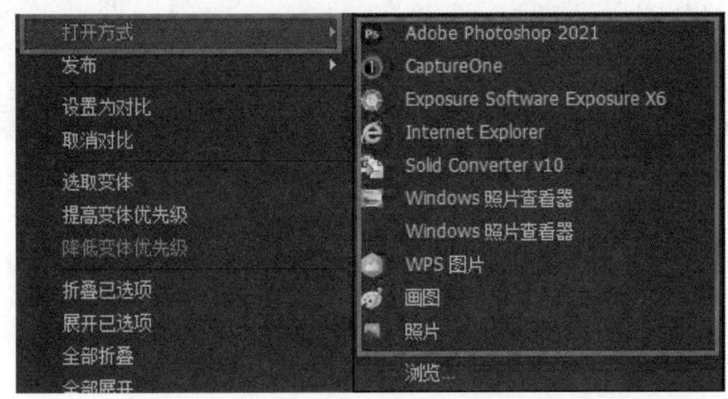

◎ 图 A2-33

同样，也可以在选中的图像上右击，执行此操作，如图 A2-34 所示。

◎ 图 A2-34

A2.10 调整项菜单

本课需要我们掌握的是图像的“旋转”功能。以 Windows 系统为例，向左旋

转的快捷键为 Ctrl+Alt+L，向右旋转的快捷键为 Ctrl+Alt+R，如图 A2-35 所示。

◎ 图 A2-35

A2.11 “图层”菜单

首先介绍添加新空白调整图层的方法。选择“图层”面板，如果找不到“图层”面板，可以在工具区空白处右击，在弹出的快捷菜单中选择“添加工具”即可，如图 A2-36 所示。

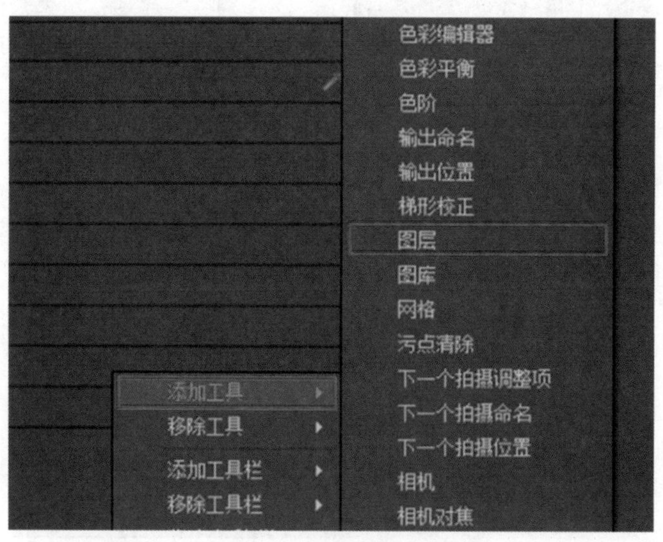

◎ 图 A2-36

选择“图层”菜单中的“添加新空白调整图层”，在“图层”面板中就会显示新建的“1 调整图层”，如图 A2-37 所示。

在新建的调整图层上可以选择画笔工具，在图像上绘制选区，调整图像选区的颜色和对比度，Capture One 22 Pro 提供了详细的操作步骤和教程，可以观看教学视频学习操作方法，如图 A2-38 所示。

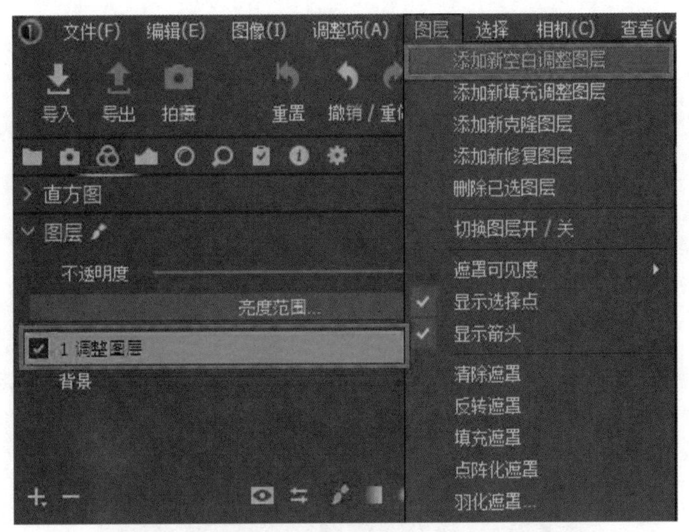

◎ 图 A2-37

◎ 图 A2-38

在新建的调整图层上，按快捷键 L，可以在图像上绘制线性渐变遮罩，如图 A2-39 所示。

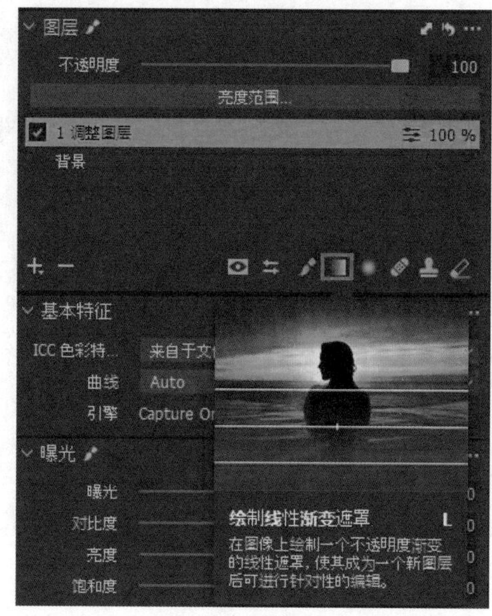

◎ 图 A2-39

在新建的调整图层上，按快捷键 T，可以在图像上绘制径向渐变遮罩，如图 A2-40 所示。

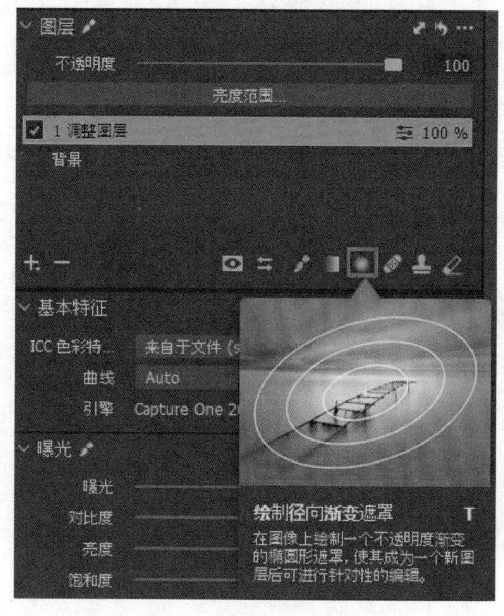

◎ 图 A2-40

在新建的调整图层上，可以在图像上绘制修复遮罩，所用的工具就是 Photoshop 里的修复画笔工具，按快捷键 Q，可以去除图像上的脏点，若遇到不懂的地方可以观看教学视频，如图 A2-41 所示。

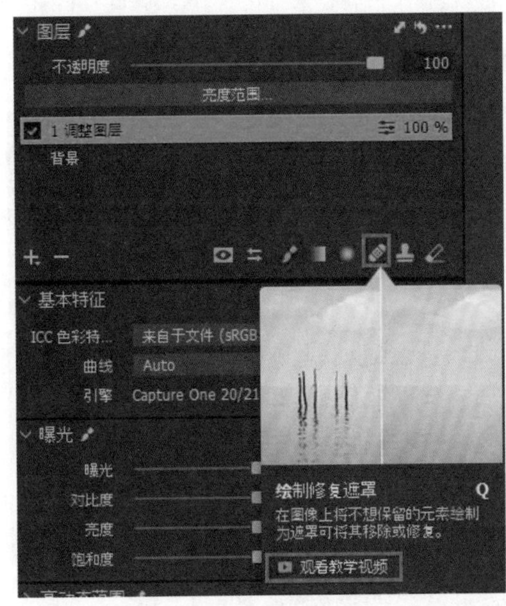

◎ 图 A2-41

在新建的调整图层上，可以在图像上绘制克隆遮罩，使用 Photoshop 里的图章工具，按快捷键 S，同样可以去除图像上的脏点，若遇到不明白的地方可以观看教学视频，如图 A2-42 所示。

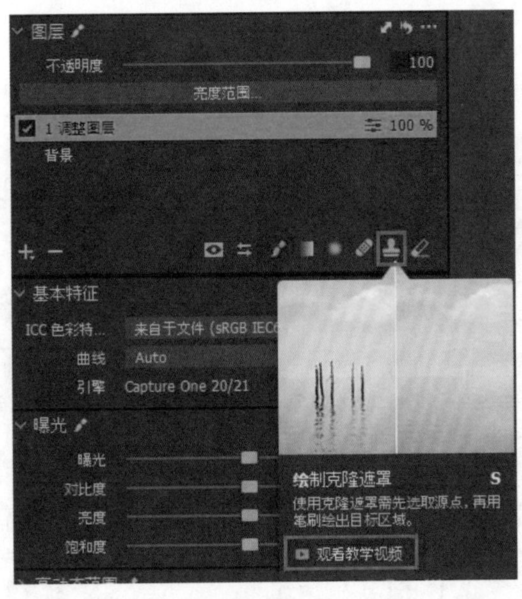

◎ 图 A2-42

在新建的调整图层上，可以在图像上绘制擦除遮罩，按快捷键 E，可以把克隆修复或画笔渐变调整过的地方恢复到原始状态，其功能相当于 Photoshop 软件里的历史记录画笔，如图 A2-43 所示。

◎ 图 A2-43

下面介绍添加新填充调整图层，它的作用是为整张图像添加遮罩效果，需配合擦除遮罩工具使用。全图被遮罩后，显示为红色，用擦除遮罩工具将不需要调整的区域擦除，被擦除的地方就显示为原始图像，在调整时不会受到任何影响，如图 A2-44 所示。

◎ 图 A2-44

最后是添加新克隆图层和添加新修复图层，这两项意义不大，很少用得到。

图层除了在菜单栏中执行命令，还可以在“图层”面板中直接建立和删除。打开“图层”面板，右击加号按钮➕就可以新建图层，如图 A2-45 所示。

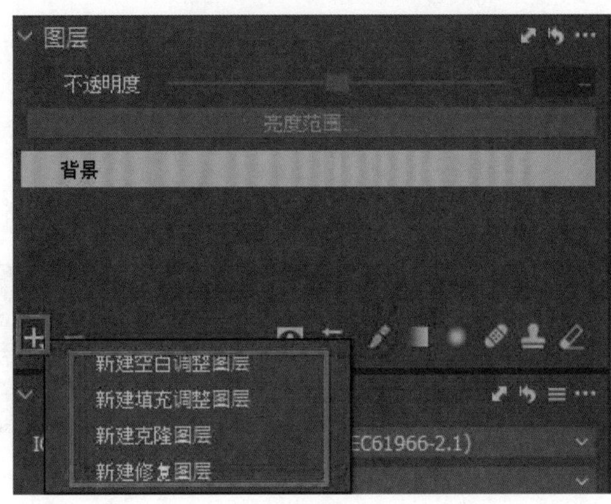

◎ 图 A2-45

我们建立的图层如果不想要了，是可以删除的，直接单击“图层”面板中的减号按钮➖就可以删除不需要的图层，如图 A2-46 所示。

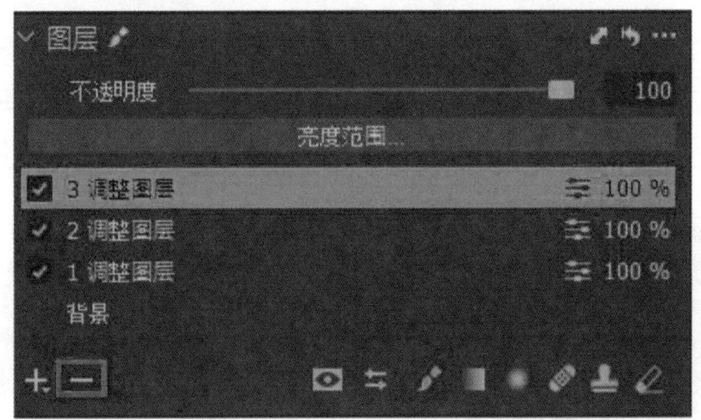

◎ 图 A2-46

A2.12 裁切和拉直

Capture One 软件可以对图像进行二次构图和水平矫正，打开一张图像后，选择裁切工具，快捷键为 C，将鼠标放到裁切工具处不要动，就会出现详细的使

用方法，有教学视频指导的图解，非常简单，如图 A2-47 所示。

选择裁切工具，单击鼠标右键，在弹出的快捷菜单中选择“添加纵横比”，在弹出的“新建纵横比”对话框中可以设置自己需要的尺寸，如图 A2-48 所示。

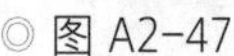

◎ 图 A2-47

◎ 图 A2-48

可以用软件自带的尺寸，我个人喜欢用默认的“无限制”，如图 A2-49 所示。

图像的拉直很好理解，就是纠正画面的倾斜度，让图像处于一个正常的水平和垂直的状态，拉直的快捷键是 R。

拉直工具很好掌握，只需在画面中找到一个水平的面，画一条直线就可以纠正倾斜的图像了。

Capture One 软件的拉直也兼容了图像的旋转功能，根据需要灵活运用即可，如图 A2-50 所示。

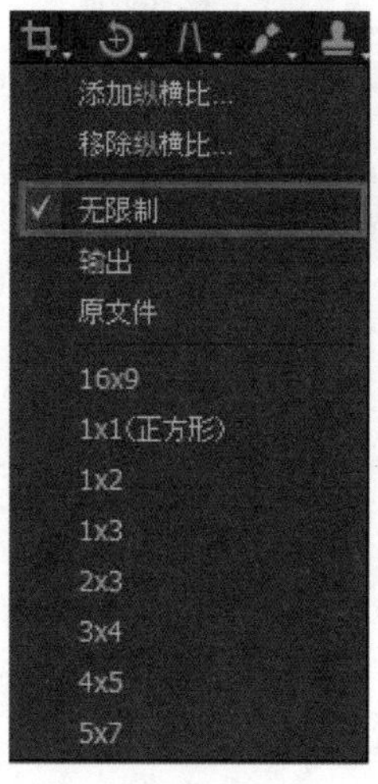

◎ 图 A2-49

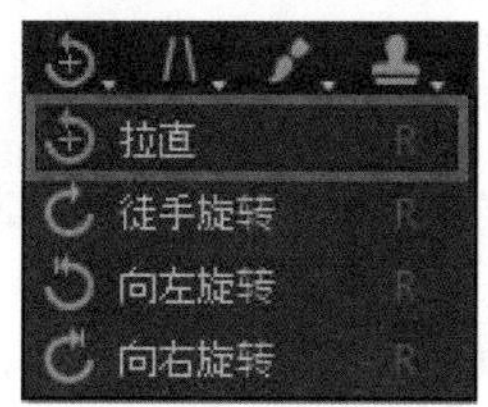

◎ 图 A2-50

A2.13 梯形校正

Capture One 的梯形校正分为垂直、水平和综合矫正，快捷键是 K，工具之间的切换方法是单击鼠标右键，在弹出的快捷菜单中选择，如图 A2-51 所示。

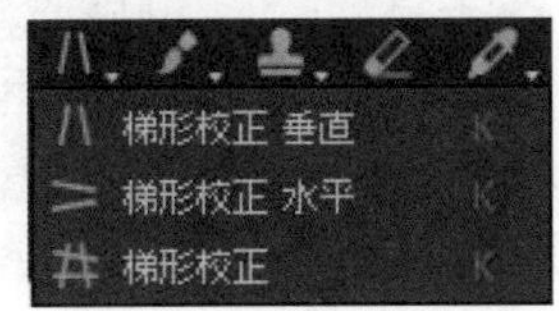

◎ 图 A2-51

“梯形校正 垂直”是指通过移动 4 个控制点锁定垂直的直线，纠正图像的变形和畸变，如图 A2-52 所示。

“梯形校正 水平”是指通过移动 4 个控制点锁定水平的直线，纠正图像的变形和畸变，如图 A2-53 所示。

梯形校正的综合矫正是指通过移动 4 个控制点，同时锁定水平和垂直的直线，纠正图像的水平、垂直的变形和畸变，如图 A2-54 所示。

◎ 图 A2-52

◎ 图 A2-53

◎ 图 A2-54

A2.14 画笔渐变遮罩

画笔渐变遮罩的快捷键是 B。选择需要调整的图像，单击鼠标右键，在弹出的快捷菜单中选择相应选项可调整画笔的大小及硬度，画笔的硬度必须为 0，对于其他选项，建议不要更改，如图 A2-55 所示。

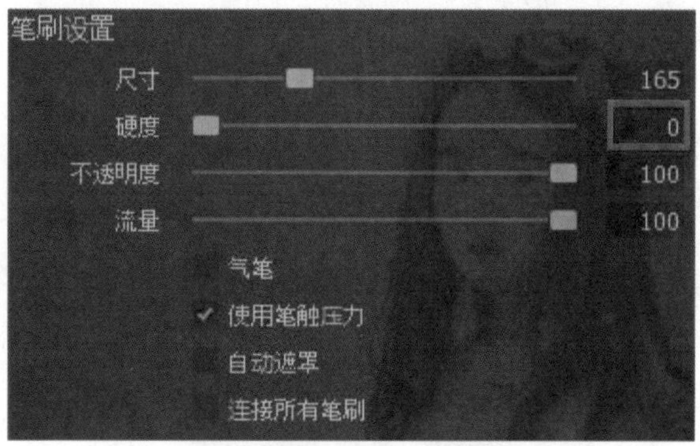

◎ 图 A2-55

画笔的硬度为 0 时，图像过渡柔和自然，不会形成任何的处理痕迹，如图 A2-56 所示。

◎ 图 A2-56

画笔的硬度越大，过渡越生硬，在图像上会形成有边缘的分离，如图 A2-57 所示。

◎ 图 A2-57

通过线性渐变可以灵活地选择我们需要遮盖的区域，在图像上可以绘制多个渐变选区，如图 A2-58 所示。

◎ 图 A2-58

通过径向渐变可以调整图像的四周，避开人物区域，也可以反选选区调整人物区域，如图 A2-59 所示。

◎ 图 A2-59

对选区进行反选的操作，就是在新建图层上单击鼠标右键，在弹出的快捷菜单中选择“反转遮罩”即可，如图 A2-60 所示。

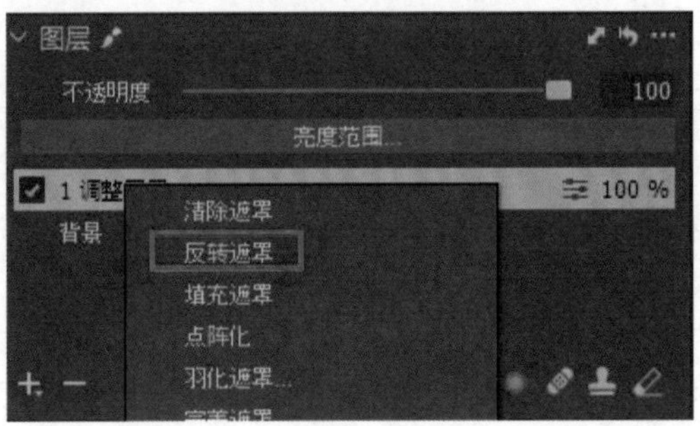

◎ 图 A2-60

A2.15 绘制修复遮罩

Capture One 的修复遮罩和克隆遮罩的用法是一样的，先按 Alt 键在图像干净的地方取样，然后在需要修复的地方涂抹就可以修复穿帮部位，修复遮罩和克隆遮罩工具在修复时都会自动生成一个单独的图层，如图 A2-61 所示。

◎ 图 A2-61

修复穿帮以后，单击“背景”图层就可以看到修复后的效果，如图 A2-62 所示。

◎ 图 A2-62

A2.16 擦除遮罩

对于擦除遮罩，简单的理解就是擦除画笔和渐变工具绘制的选区，大多用在绘制的选区超出范围的情况下。

选区被选中的地方显示为红色，当擦除遮罩时，就会显示为原有图像的颜色，红色遮罩消失，如图 A2-63 所示。

◎ 图 A2-63

A2.17 白平衡吸管校色

“选取白平衡”吸管是一个自动矫正色温色偏的工具，如图 A2-64 所示。

这个工具看似简单，但在运用时一定要掌握技巧，那就是必须吸取图像的高光区域，也就是说对纯白的地方矫正颜色时是最准确的，如图 A2-65 所示。

◎ 图 A2-64

◎ 图 A2-65

A2.18 遮罩与盖印图层

在调整图像时，我们难免会建立很多图层，尤其在使用画笔、渐变以及绘制修复工具后，软件都会自动生成新的图层。有了这些图层后，我们在调整整体图像的时候，就很难进行操作，因为单一的图层阻碍了我们，只要一改动调整项就是调整当前单一的图层，根本没有办法调整需要调整的地方。

那么怎样在多个图层下实现对整体图像的调整呢？这就需要盖印可见图层了，如图 A2-66 所示，此时软件中有 3 个图层。

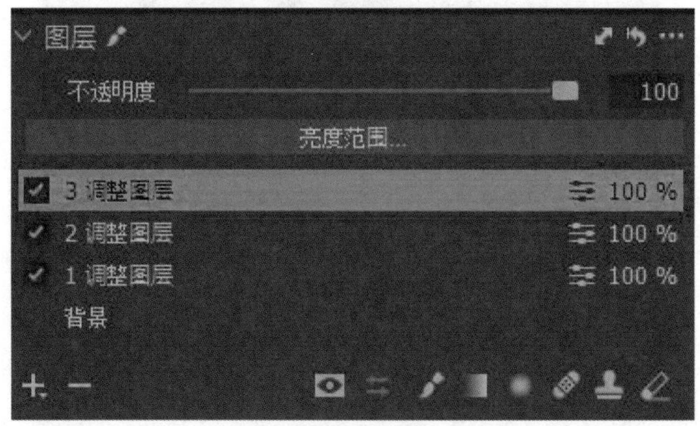

◎ 图 A2-66

我们不能把每个图层都删掉，否则前面所有的操作都白费了，那怎么办呢？

我们只需要单击“图层”面板的加号按钮，新建一个新的空白图层，生成“4 调整图层”，如图 A2-67 所示。

◎ 图 A2-67

然后在“4 调整图层”上单击鼠标右键，在弹出的快捷菜单中选择“填充遮罩”，这样所有图层将被盖印，我们就可以对整个图像进行调整了，这就是盖印可见图层操作，如图 A2-68 所示。

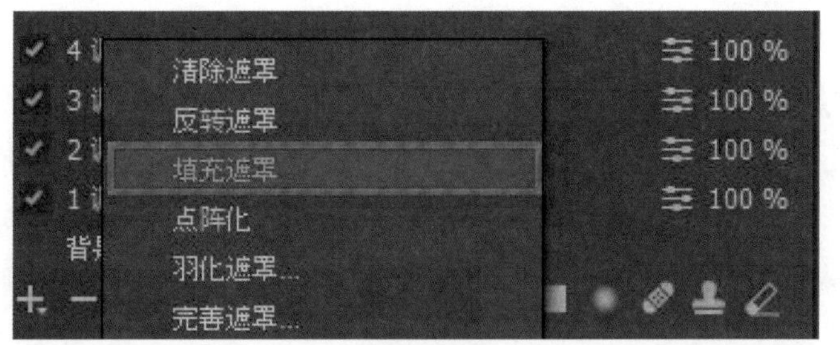

◎ 图 A2-68

A2.19 变体

通过 Capture One 软件调整过的图像，称为变体，也就是说将原格式的图像导入软件后，通过调整曝光、对比、颜色后形成最终出图效果的图像。调整过的图像颜色干净通透，来看下对比图，如图 A2-69 所示。

◎ 图 A2-69

A2.20 星标、色标与图像放大缩小

在 Capture One 软件中，我们可以为图像添加星标和色标来分类管理图像，设置方法很简单，只需要选中需要设置的图像，在图像浏览器中直接选择需要设置的颜色标注和星级就可以了，如图 A2-70 所示。

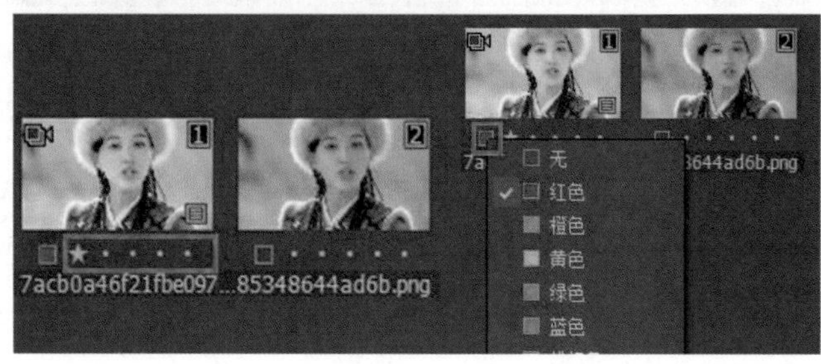

◎ 图 A2-70

图像的放大缩小可以用快捷键来实现，Ctrl+ 减号为缩小图像，Ctrl+ 加号为放大图像。

软件中间工作区右上角处的图标也可以用于手动调整图像大小，如图 A2-71 所示。

◎ 图 A2-71

A2.21 旋转与翻转

在工具箱中找到旋转与翻转工具，如果没有这项命令，就在左侧空白处单击鼠标右键，在弹出的快捷菜单中选择“添加工具”，把“旋转与翻转”工具添加到工具箱中即可，如图 A2-72 所示。

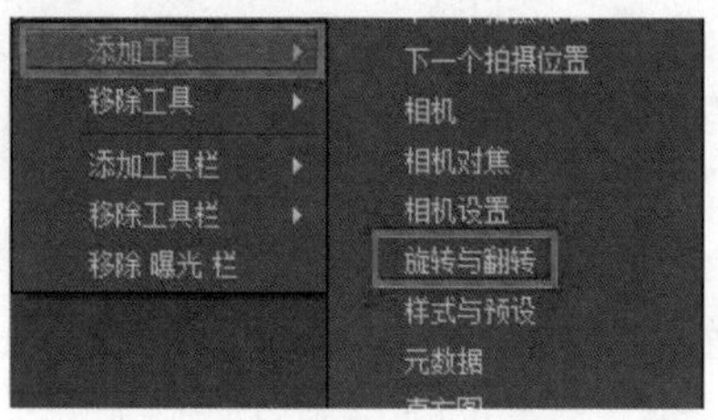

◎ 图 A2-72

“旋转与翻转”工具可用于调整图像的水平和垂直状态，如图 A2-73 所示。

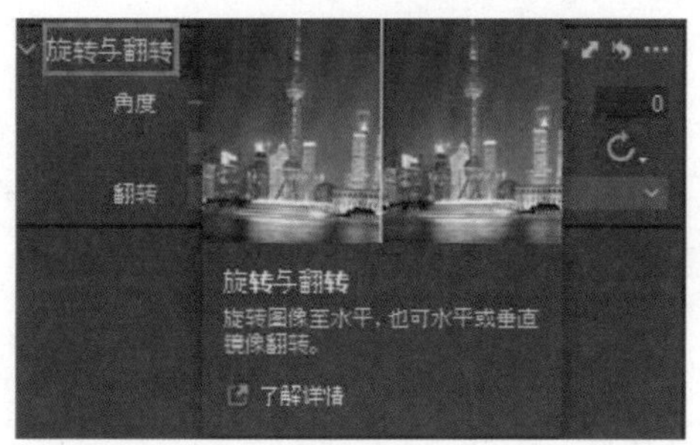

◎ 图 A2-73

在调整时，可以任意地调整角度构图，如图 A2-74 所示。

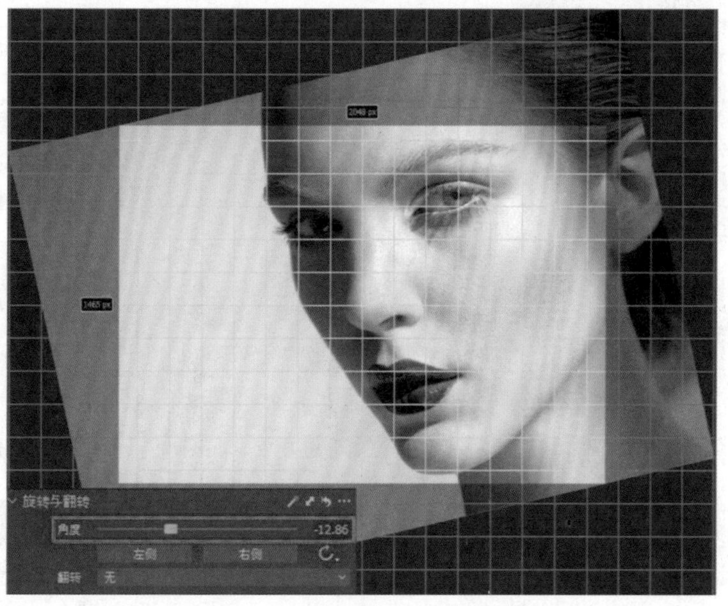

◎ 图 A2-74

也可以调整图像的“左侧”“右侧”“水平”“垂直”，如图 A2-75 所示。

◎ 图 A2-75

A2.22　照片旋转和批量旋转

通过 Capture One 软件可以旋转单张图像的方向，也可以批量旋转图像，操作方法建议使用快捷键，按 Ctrl+Alt+L 快捷键可进行单张旋转，如图 A2-76 所示。

要想批量旋转图像，可按住 Ctrl 键的同时单击全是横板或者竖版的图像，也可以按 Ctrl+A 快捷键全选图像，再按住 Ctrl 键减去不同版面的图像，按 Ctrl+Alt+L 快捷键可批量旋转图像，如图 A2-77 所示。

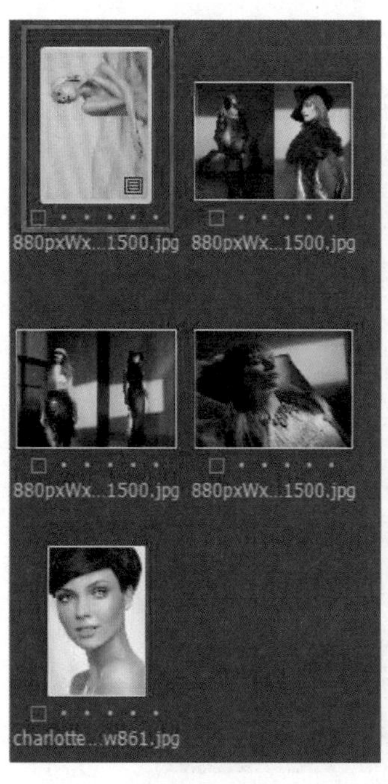

◎ 图 A2-76

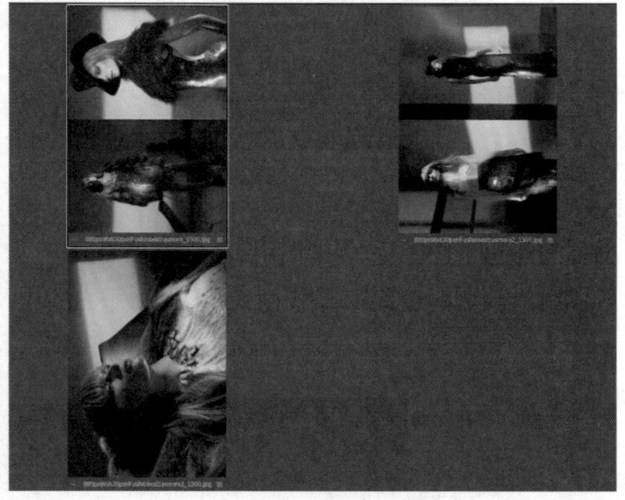

◎ 图 A2-77

A2.23　预设的建立、导入和预设包导入

关于预设的建立操作，是在照片调色完成后，单击软件预设管理项图标，在“样式与预设”面板中单击，再单击“保存”按钮保存预设即可，如图 A2-78 所示。

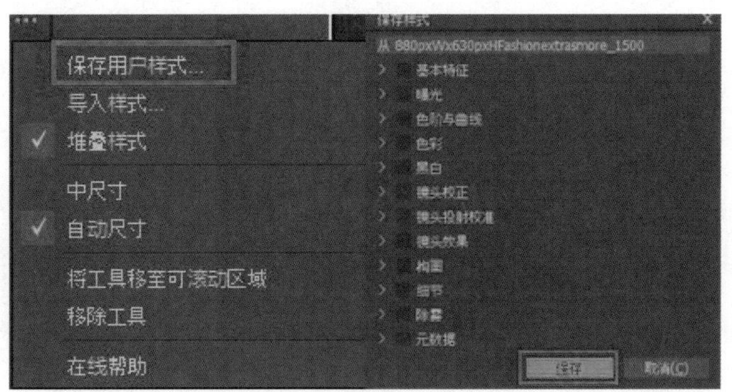

◎ 图 A2-78

对于单个预设的导入，只要单击“导入样式”按钮即可，如图 A2-79 所示。

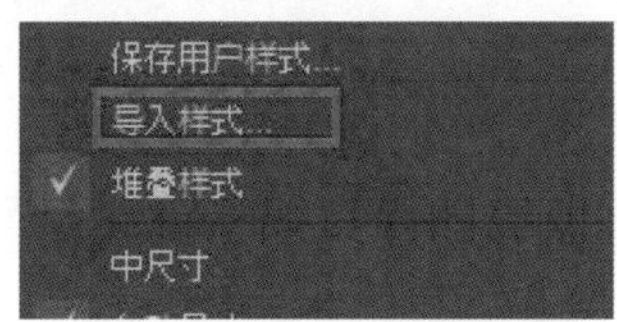

◎ 图 A2-79

关于预设包的导入，我们将 Windows 系统和 macOS 的安装方法分开讲解，在安装预设之前必须关闭 Capture One 软件。对于 macOS，关闭软件后，还要将软件彻底地退出。

先讲 macOS 的安装方法。首先选择“新建‘访达’窗口”，如图 A2-80 所示。

在左侧面板中选择“应用程序”，如图 A2-81 所示。

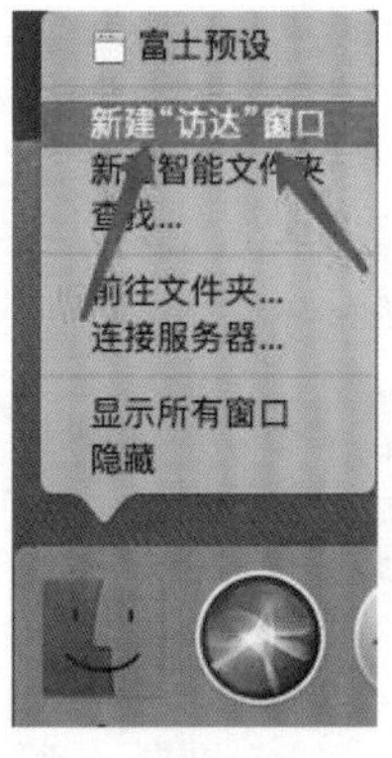

◎ 图 A2-80

◎ 图 A2-81

选中 Capture One 图标，右击，在弹出的快捷菜单中选择“显示包内容”，如图 A2-82 所示。

◎ 图 A2-82

双击 Contents 进入文件夹，如图 A2-83 所示。

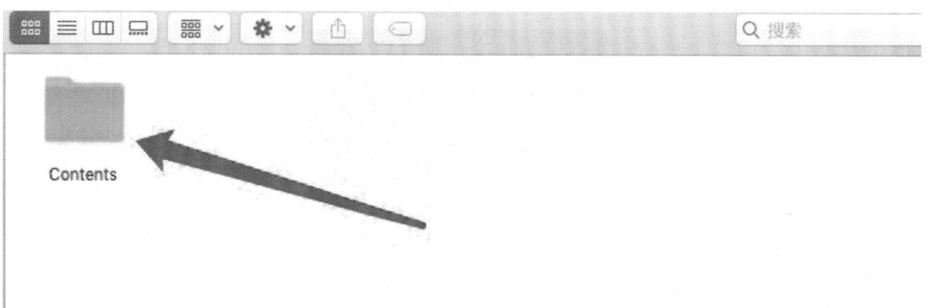

◎ 图 A2-83

双击 Resources 进入文件夹，如图 A2-84 所示。

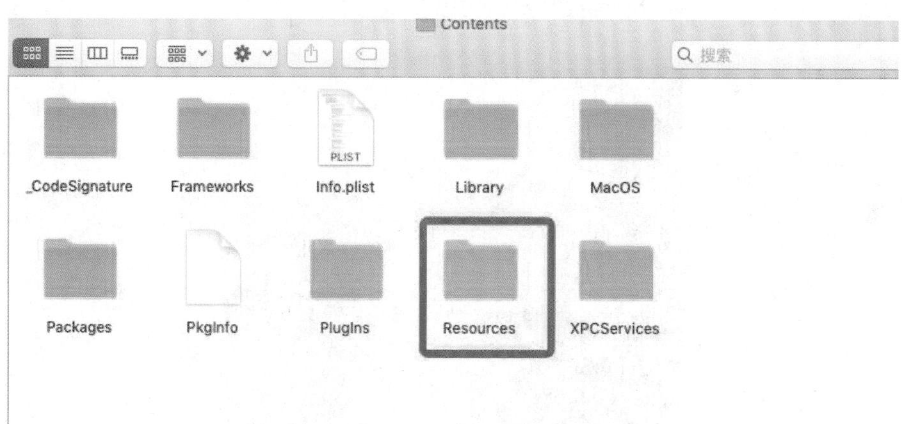

◎ 图 A2-84

找到 Styles 文件夹，双击进入，如图 A2-85 所示。

◎ 图 A2-85

接下来安装预设。复制将要安装的预设包，将其粘贴到 Styles 文件夹中，安装完成后，打开软件就可以看到预设了，如图 A2-86 所示。

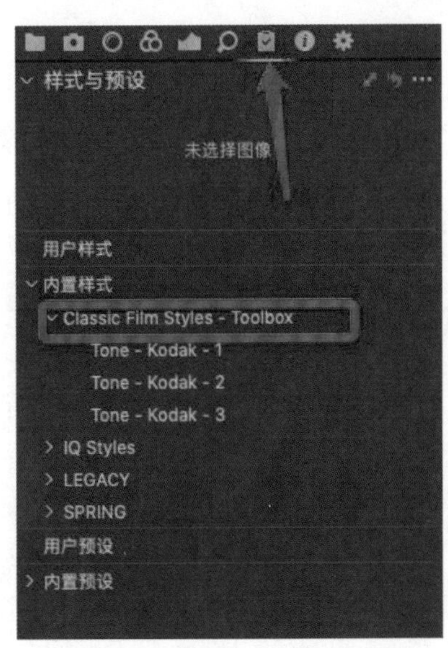

◎ 图 A2-86

用 Windows 系统安装预设比较简单，在桌面找到 Capture One 软件图标，右

击，在弹出的快捷菜单中选择“属性”，如图 A2-87 所示。

在弹出的“Capture One 22 属性”对话框中单击“打开文件位置”按钮，如图 A2-88 所示。

◎ 图 A2-87

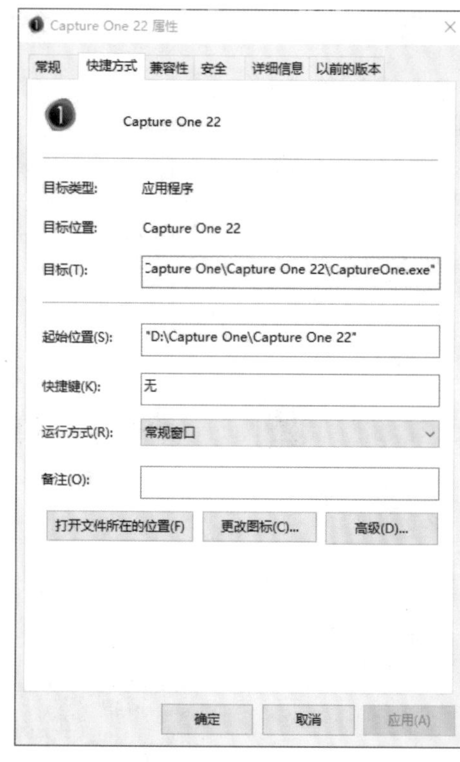

◎ 图 A2-88

复制预设包，将其粘贴到 Styles 文件夹中即可，如图 A2-89 所示。

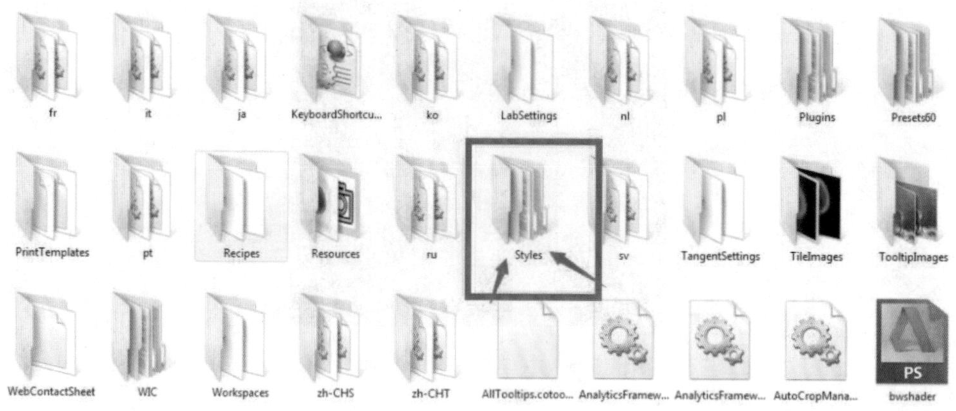

◎ 图 A2-89

A2.24 ICC 色彩特性

ICC 色彩特性是每款相机的基础色彩配置文件，位于软件的调整工具面板的基本特性中，如图 A2-90 所示。

首先单击“显示全部”，查看自己的相机型号，如图 A2-91 所示。

◎ 图 A2-90

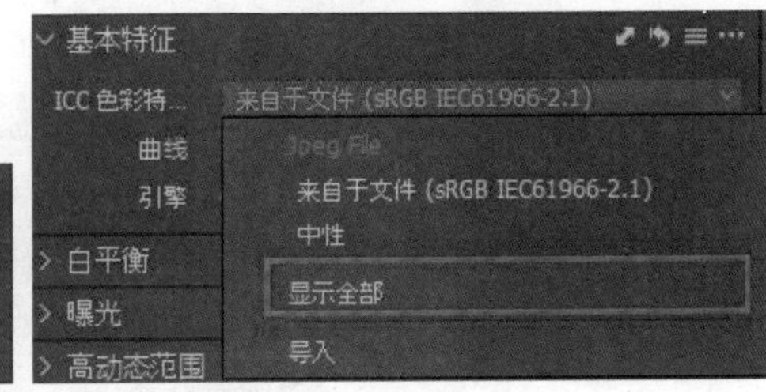

◎ 图 A2-91

打开 ICC 色彩特性就可以看到所有相机型号了，然后便可选择自己的相机型号应用色彩配置文件，如图 A2-92 所示。

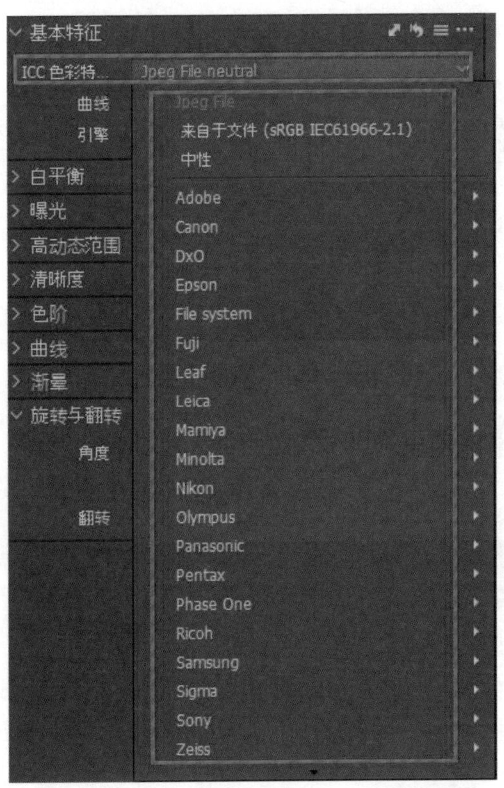

◎ 图 A2-92

A2.25 RAW 格式元数据 XMP 设置

Capture One 软件也可以设置元数据 XMP，打开软件后，只需要选中 XMP 复选框即可。

执行“编辑”菜单下的“偏好设置”命令，如图 A2-93 所示。

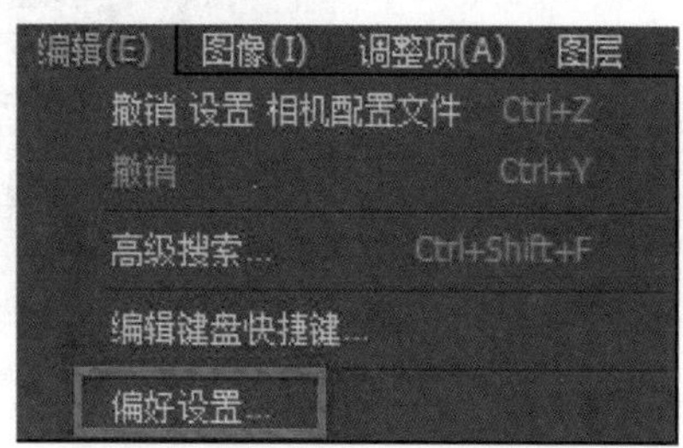

◎ 图 A2-93

在“偏好设置”面板中选择“图像”，选中“自动同步附属 XMP”下的两个复选框，设置完毕，重启软件即可，如图 A2-94 所示。

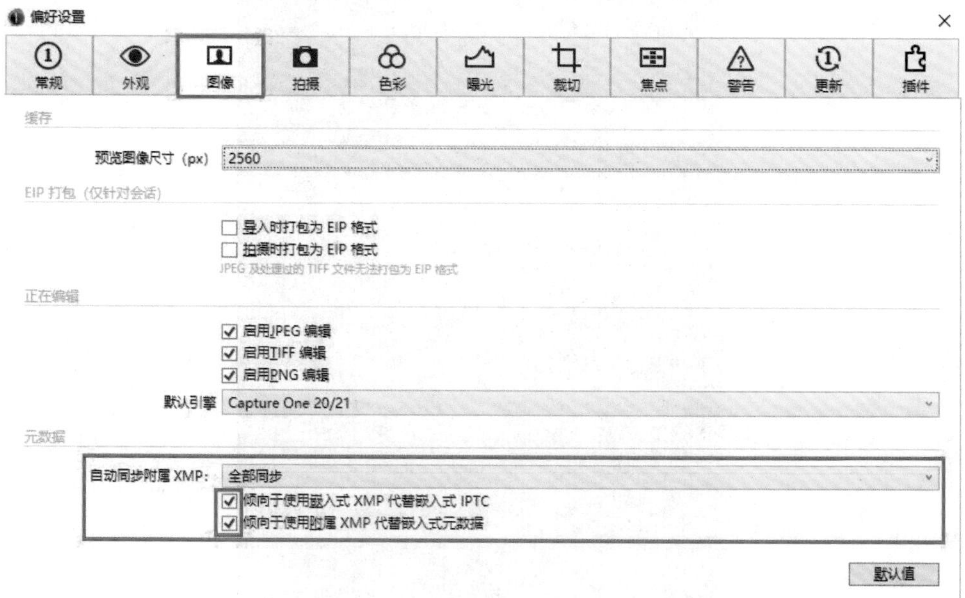

◎ 图 A2-94

A2.26 曝光警告

在调整照片时，打开“曝光警告”有助于更好地调整图像的光比和对比度，防止图像过曝区域过多，如图 A2-95 所示。

◎ 图 A2-95

打开“曝光警告”后，高光过曝区域会显示为红色，如此便可以减少高曝和过曝现象的发生，如图 A2-96 所示。

◎ 图 A2-96

A2.27 曝光

Capture One 的曝光工具是控制图像最基础的工具，它通过控制图像的明暗、对比度、亮度和饱和度让照片达到最佳的光比和影调。

从字面就可以看出，曝光就是让图像亮或暗，将相机拍摄到的图像进行二次加工，最大限度地纠正高亮过曝和暗部死黑，还原图像缺失的细节，去除图像多余的灰度，从而让图像干净通透，如图 A2-97 所示。

◎ 图 A2-97

曝光能够很好地控制最基础的曝光度的调整，如图 A2-98 所示。

◎ 图 A2-98

A2.28 色彩编辑器

Capture One 的“色彩编辑器”是一个非常好用的工具，它可以针对单一的颜色进行单独调整，还可以单独选取肤色，扩展色彩范围调整图像，功能非常强大。

“色彩编辑器”的基本面板综合了红、橙、黄、绿、青、蓝、紫和三原色复合的颜色通道，利用颜色吸管工具可以准确地对选择的颜色进行色相、饱和度和亮度的调整，如图 A2-99 所示。

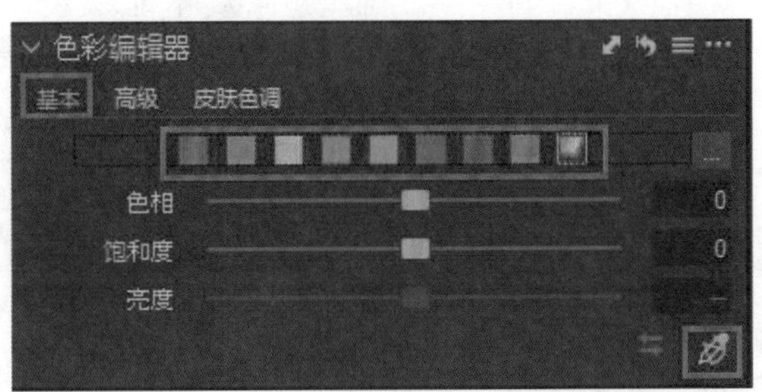

◎ 图 A2-99

在“高级”选项卡中，可以运用颜色吸管工具吸取皮肤或者背景色，调整“平滑度”“色相”“饱和度”“亮度”，色彩的范围也可以调大和调小，如图 A2-100 所示。

◎ 图 A2-100

在“皮肤色调”选项卡中可调整的细节更多，可以调整皮肤的“平滑度”，也可以调整“色相”“饱和度”“亮度”。

在“皮肤色调”选项卡中还增加了控制皮肤色彩的“均匀度”，在调整时，让皮肤色调统一变得简单，如图 A2-101 所示。

◎ 图 A2-101

“色彩编辑器”能够精确地对不同色彩进行调整，为选择指定的颜色范围进行色相、饱和度与亮度的调整，在调整指定色彩时，其他没有被选择的颜色不受影响，如图 A2-102 所示。

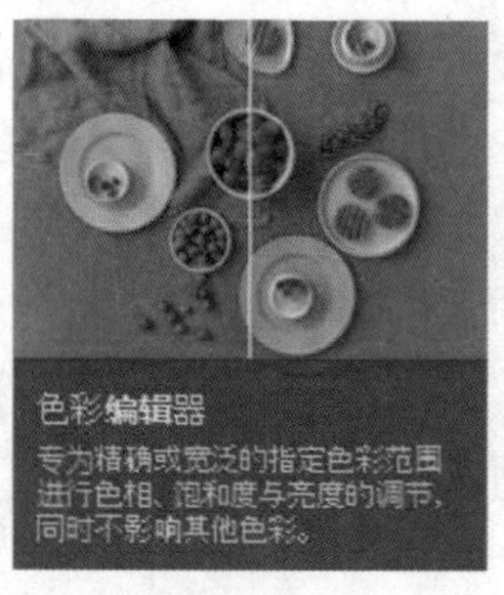

◎ 图 A2-102

A2.29 色彩平衡

Capture One 的色彩平衡工具独有的色轮设计能够灵活地控制阴影、中间调以及高光的色彩，对色彩浓与浅的把控非常人性化，调整色彩可以一步到位。

该工具包括一个母版色轮，可复制 Capture One 的原始工具的功能，可用于阴影、中间色调和高光区域的单独色彩的调整，如图 A2-103 所示。

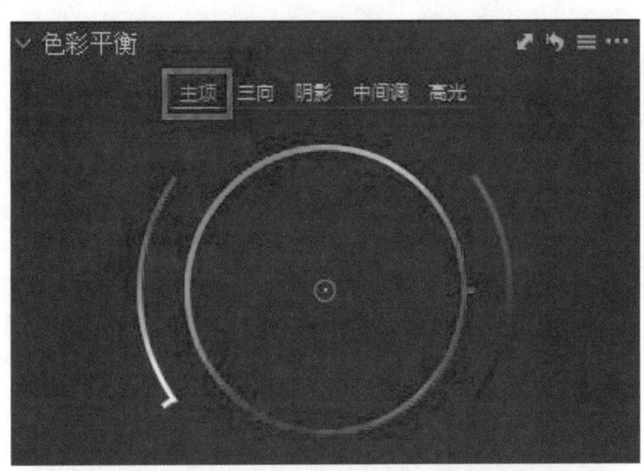

◎ 图 A2-103

“三向”选项卡中包含阴影、中间调和高光，通过它们可以单独地调整不同区域的色彩，如图 A2-104 所示。

除此之外，色彩平衡的优势就是通过向阴影、中间调与高光添加单独的色调为图像调色，如图 A2-105 所示。

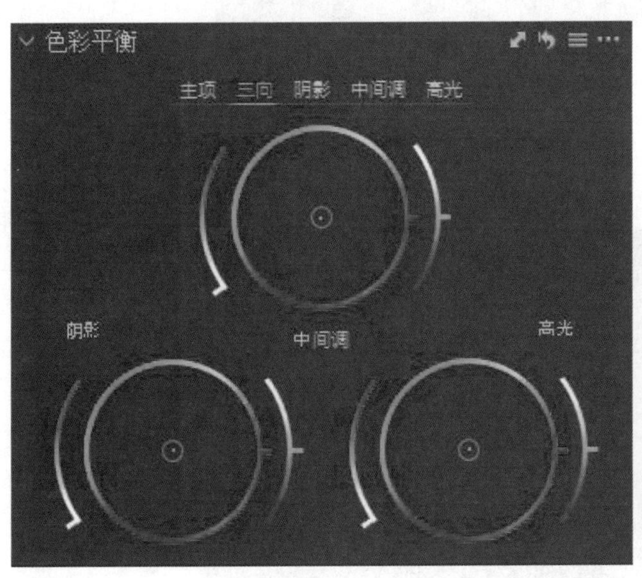

◎ 图 A2-104

◎ 图 A2-105

A2.30 曲线

相信大家在做后期处理时都用过“曲线”这个工具，曲线是万能的调色工具，但在某些情况下利用传统的“RGB 曲线”时会出现一些问题，例如，加强颜色的对比度会让图像失去一些颜色细节。

Capture One 中的“曲线”工具更加智能，它除了拥有 RGB 复合通道和“红色”“绿色”“蓝色”通道，还有“亮度”通道，让我们在调色的时候可以更好地控制颜色和对比度，要想解决颜色对比度失真的问题，建议大家多用曲线工具，如图 A2-106 所示。

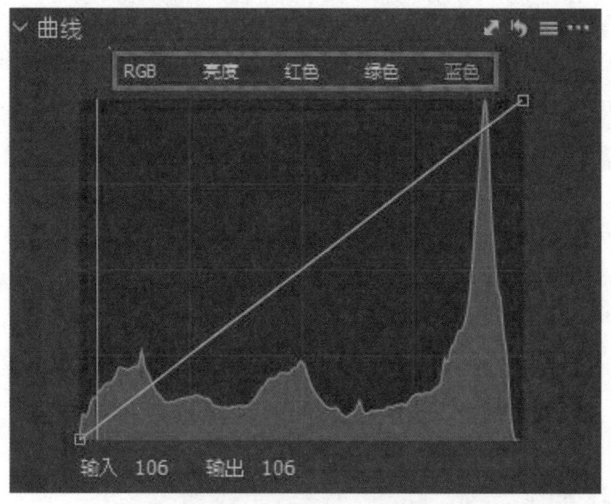

◎ 图 A2-106

首先介绍一下亮度曲线的原理，Capture One 的亮度曲线工具分 5 个部分，如图 A2-107 所示。

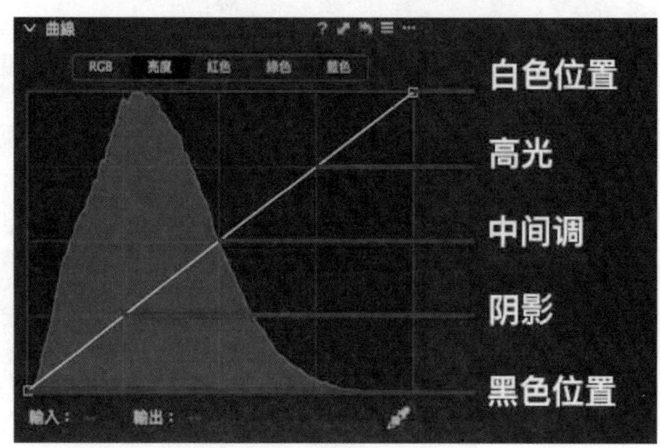

◎ 图 A2-107

当调整亮度时，只要依照相对的位置调整图像的亮和暗即可，如图 A2-108 所示。

通过曲线工具可以对图像进行精确的色彩以及对比的调整，如图 A2-109 所示。

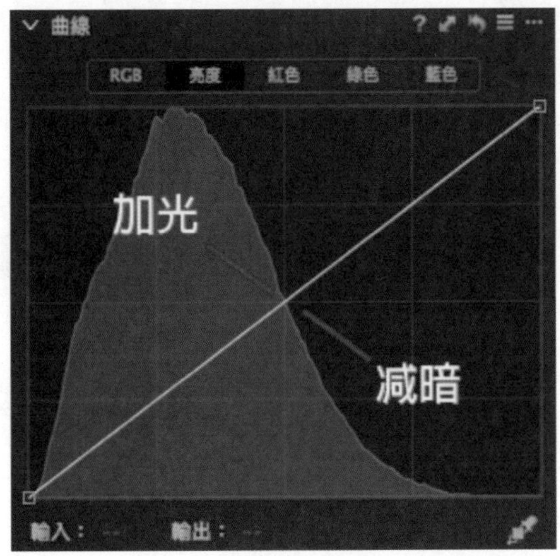

◎ 图 A2-108

◎ 图 A2-109

A2.31 色阶

相信大家对于色阶工具并不陌生，Capture One 中的色阶工具在调色时非常好用，选择不同的通道，少许改动数值，颜色就会变得很漂亮。Capture One 软件的色阶工具如图 A2-110 所示。

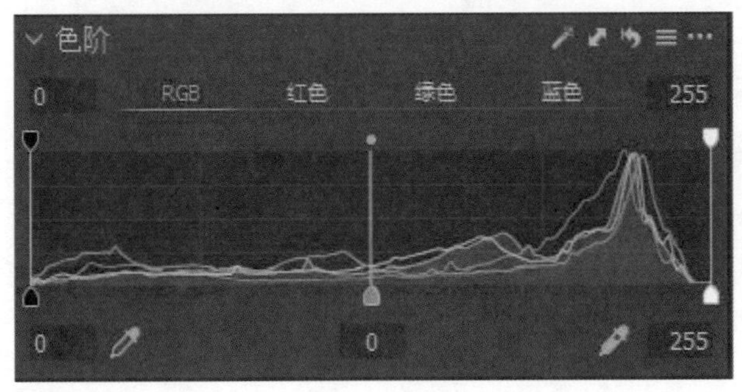

◎ 图 A2-110

利用色阶工具调整后，肤色看起来更加健康，调整前后的对比效果如图 A2-111 所示。

◎ 图 A2-111

通过色阶可以控制图像的对比度，并能精确地调整中间调的亮度，如图 A2-112 所示。

◎ 图 A2-112

A2.32 除雾

除雾工具是 Capture One 软件从 21 版本起推出的一个新功能。这个功能 Photoshop 也有，而 Capture One 的更优秀，有暗部色调处理，可以自动也可以手动平衡阴影或者暗部色彩，是 Capture One 独有的。

如果工具栏中没有除雾工具，可以在左侧工具面板空白处单击鼠标右键，添加工具即可，除雾工具面板如图 A2-113 所示。

用除雾工具处理过的图像干净通透，如图 A2-114 所示。

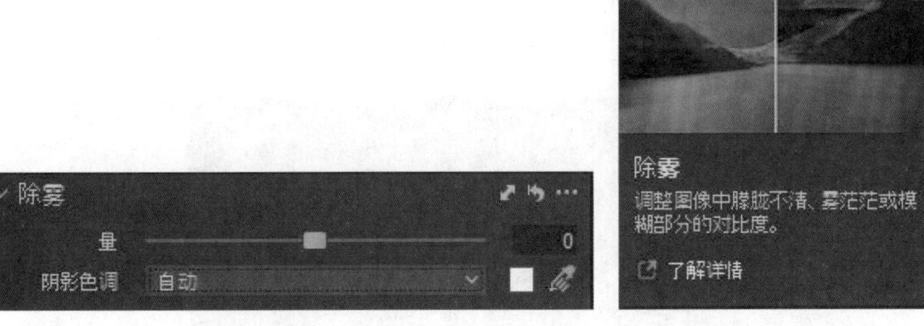

◎ 图 A2-113　　◎ 图 A2-114

A2.33 白平衡

白平衡工具用于记录相机原始设置的色温，在 Capture One 软件中，可以针对 RAW 和 JPEG 格式的照片修改色温和色调，达到调色的目的，如图 A2-115 所示。

通过白平衡能够有效地针对色彩获得中性灰色调和自然的色调，通过调整让色彩的色温准确地变暖或变冷，如图 A2-116 所示。

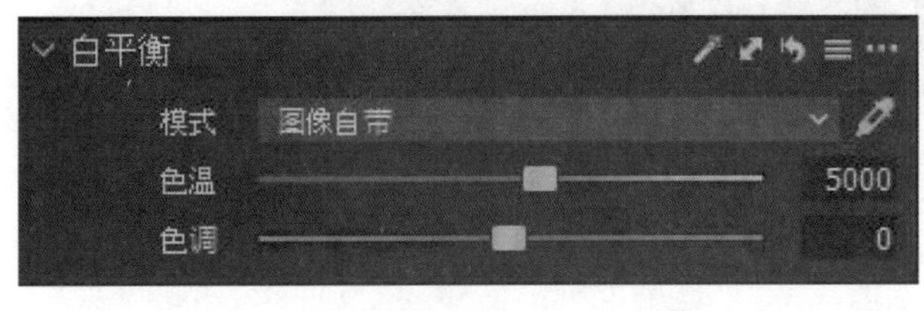

◎ 图 A2-115

◎ 图 A2-116

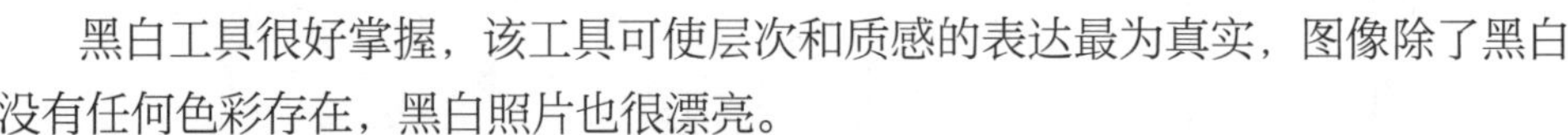

A2.34 黑白

黑白工具很好掌握，该工具可使层次和质感的表达最为真实，图像除了黑白没有任何色彩存在，黑白照片也很漂亮。

黑白工具分两个面板，第一个面板是“色彩敏感度”，只需要选中“启用黑白”复选框，就可以针对“红色”“黄色”“绿色”“青色”“蓝色”“洋红”通道进行调整，在调整这些通道时，不会产生和影响任何其他颜色，因为黑白本身就是无色系，它只对每个通道的层次质感起作用，如图 A2-117 所示。

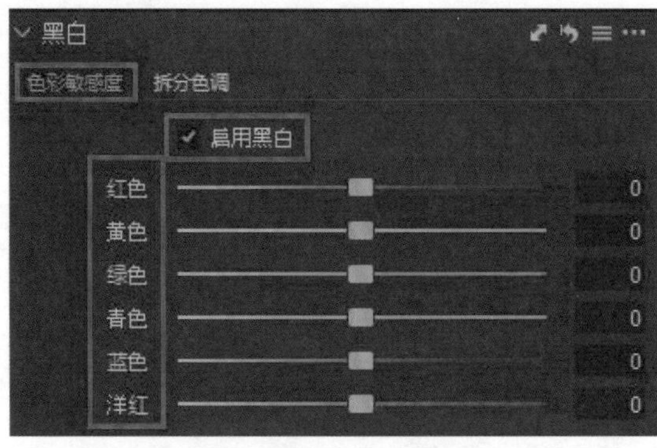

◎ 图 A2-117

第二个面板是“拆分色调”，同样是选中“启用黑白”复选框，也不包括任何色彩，它只针对高光和阴影里的色相和饱和度起作用，主要是调整高光和阴影里的色相和饱和度的层次质感，如图 A2-118 所示。

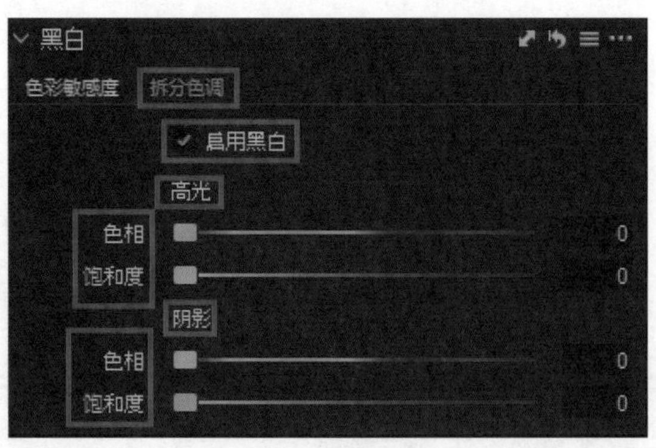

◎ 图 A2-118

黑白工具可以将所有彩色图像转换为黑白，并通过 6 个不同的色彩通道调整层次质感和亮度，如图 A2-119 所示。

◎ 图 A2-119

A2.35 高动态范围

Capture One 新版本发布后拥有了改良后的高动态范围工具，简称为 HDR，也就是高动态范围，又称宽动态范围技术，是在非常强烈的对比下让摄像机看到影像的特色而运用的一种技术。

广义上的“动态范围”是指某一变化的事物可能改变的跨度，即其变化值的最低端极点到最高端极点之间的区域，此区域的描述一般为最高点与最低点之间的差值，具体指亮度（反差）及色温（反差）的变化范围。

此工具处理图像要比一般场景的动态范围广，能够通过高光和阴影之间的有效融合，找回高光和阴影丢失的细节，强化图像的层次质感。

高动态范围工具同时带出隐藏在高光和阴影中的细节部分，改良的 HDR 工具使用复杂的算法，允许彼此独立地控制高光和阴影里的细节。

例如，在使用高光调节滑动条时，不会影响阴影中的色调。同理，在使用阴影调节滑动条时，不会影响高光中的色调。“白色”和“黑色”滑块可以控制高光中过曝的亮光和阴影中黑死的颜色，如图 A2-120 所示。

◎ 图 A2-120

A2.36 渐晕

渐晕工具可以通过“量”的滑块和选择作用于图像的“随裁切圆形”“随裁切椭圆”“圆形”方法为图像添加效果，如图 A2-121 所示。

◎ 图 A2-121

通常都选择“圆形”，直接为图像的四角与边缘添加暗和亮，从而达到突出中间主体的效果，如图 A2-122 所示。

◎ 图 A2-122

A2.37 锐化

Capture One 22 Pro 全新的锐化工具不仅可以有效解决因衍射所造成的图像锐度损失问题，还能够减少镜头炫光的影响，并提供局部锐化功能，如图 A2-123 所示。

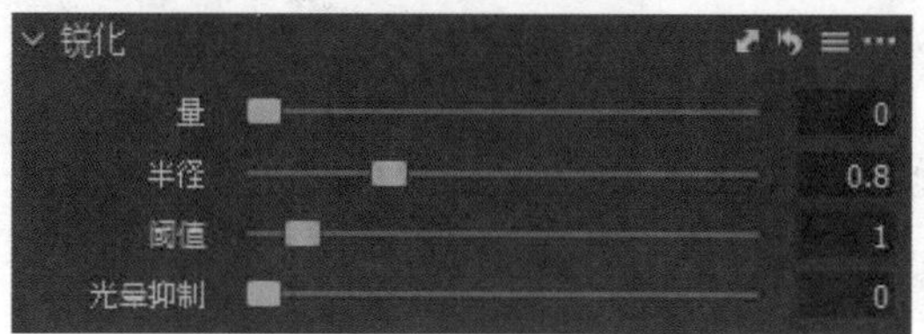

◎ 图 A2-123

锐化工具可以针对不同的输出需求调整锐化程度，以达到满意的效果，如图 A2-124 所示。

◎ 图 A2-124

A2.38　清晰度

清晰度在各种各样的拍摄中一直是一个非常受欢迎的调整工具，其独有的“自然”“冲击力”“中性”“经典”方法对于风光拍摄十分有用，如图 A2-125 所示。

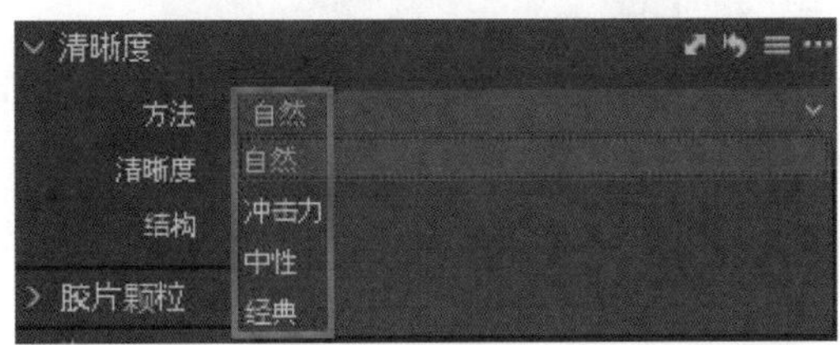

◎ 图 A2-125

清晰度调整工具可以将局部对比度调整至中色调，这种效果均可在清晰度调整工具的 4 种方法中看到，如图 A2-126 所示。

◎ 图 A2-126

A2.39 降噪

Capture One 的降噪算法很强大，它会自动分析降噪，基本不需要摄影师的介入，就可以实现一个纯净、无噪声的世界。降噪工具的面板如图 A2-127 所示。

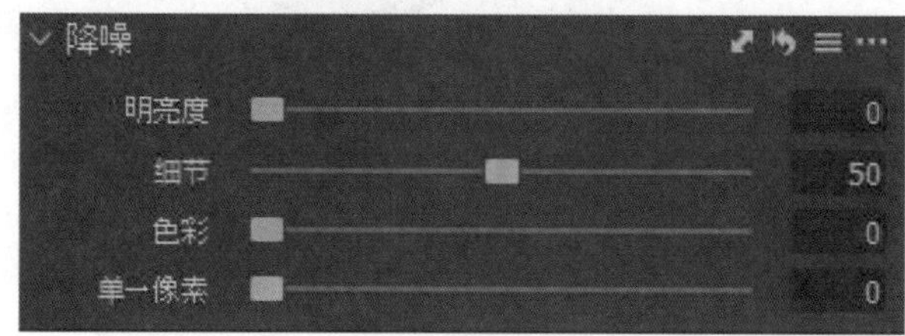

◎ 图 A2-127

如果画面的噪点太多，则需要进行手动降噪，以有效地减少和移除高感光度图像中的明度和色彩的噪点，如图 A2-128 所示。

◎ 图 A2-128

A2.40 胶片颗粒

Capture One 的胶片颗粒工具通过自带的 6 种颗粒效果直接可以为图像添加颗粒，从而模拟胶片效果。

现在 Capture One 软件官方提供了很多的胶片预设，需要在官网购买才能获取，价格也不菲。现有的胶片预设，只需单击一下即可调整图像的整体外观和感觉，同时可以对图像进行全面调整和细化，以适应个人品味。

胶片颗粒通过选择将每个样式添加到图层上，并控制图像的强度，为每个图像使用多个图层和样式，起到画龙点睛的作用，如图 A2-129 所示。

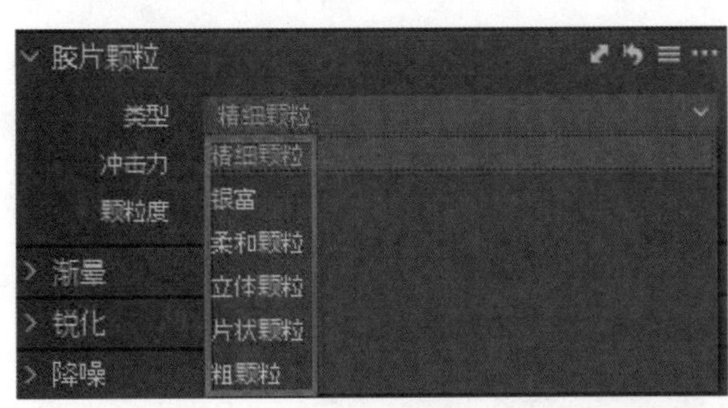

◎ 图 A2-129

A2.41　更改文件储存位置

Capture One 更改文件储存位置的方式有两种，第一种方式是单击图标，找到“下一个拍摄位置”，直接更改“目标位置”，然后关闭软件，再重新打开软件即可，如图 A2-130 所示。

◎ 图 A2-130

第二种方式是在新建目录时更改储存位置，直接更改为自己想储存的位置，单击“好”按钮即可，如图 A2-131 所示。

◎ 图 A2-131

A2.42 批量删除照片和恢复

使用 Capture One 软件批量删除照片很方便，操作方法有两种，第一种是按住 Ctrl 键单击想删除的照片，选择好以后，按 Ctrl+Delete 快捷键删除，或者在选中的图像上单击鼠标右键，在弹出的快捷菜单中选择“删除”，如图 A2-132 所示。

重命名 F2
批量重命名...
新建变体 F7
复制变体 F8
处理 Ctrl+D
导出
用...来编辑
打开方式
发布
设置为对比
取消对比
加载元数据
同步元数据
重新生成预览
在图库中显示
在 Explorer 中显示
定位...
为已选项排序
按相同选择
用...创建相册
评级
色标
创建 LCC（镜头投射校准）...
应用 LCC（镜头投射校准）
添加至已选相册 Ctrl+J
删除（移至目录回收箱） Ctrl+Delete

◎ 图 A2-132

第二种方法是按 Ctrl+A 快捷键选择所有照片，再按 Ctrl+Delete 快捷键批量删除即可。

被删除照片的恢复只支持当前的操作，如果当时删错了照片可以补救，马上按 Ctrl+Z 快捷键可以恢复误删的照片，如果关闭了软件，再打开就无法进行删除照片的恢复了。

A2.43　将 Lightroom 目录导入 Capture One 中

如果想把 Lightroom 的目录导入 Capture One 软件中，需要先在 Lightroom 软件的“文件”菜单下选择“导出为目录”，如图 A2-133 所示，将在 Lightroom 中处理完成的图像导出。

Lightroom Catalog - Adobe Photoshop Lightroom Classic -
文件(F)　编辑(E)　图库(L)　照片(P)　元数据(M)　视图(V)　窗口
新建目录(N)...
打开目录(O)...　Ctrl+O
打开最近使用的目录(R)
优化目录(Y)...
导入照片和视频(I)...　Ctrl+Shift+I
从另一个目录导入(C)...
导入 Photoshop Elements 目录...
联机拍摄
自动导入(A)
导入修改照片配置文件和预设...
导出(E)...　Ctrl+Shift+E
使用上次设置导出(W)　Ctrl+Alt+Shift+E
使用预设导出
导出为目录(L)...
通过电子邮件发送照片...

◎ 图 A2-133

然后选择需要导出的路径，编辑文件名称，单击“保存”按钮即可，如图 A2-134 所示。

接下来，打开 Capture One 软件，在“文件”菜单下选择“导入目录→Lightroom 目录”，如图 A2-135 所示。

◎ 图 A2-134

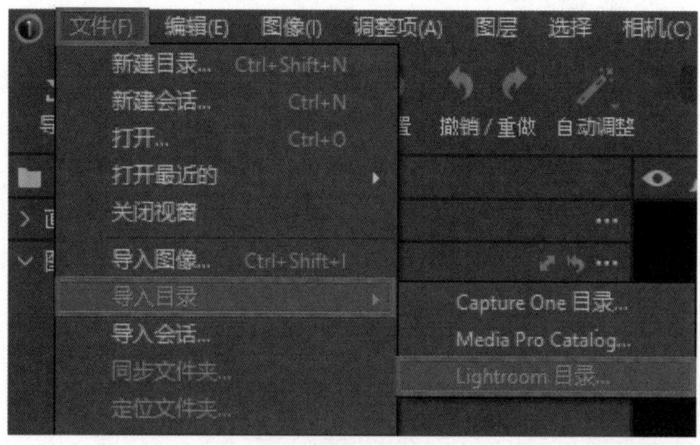

◎ 图 A2-135

在弹出的对话框中单击“选择目录”按钮，如图 A2-136 所示。

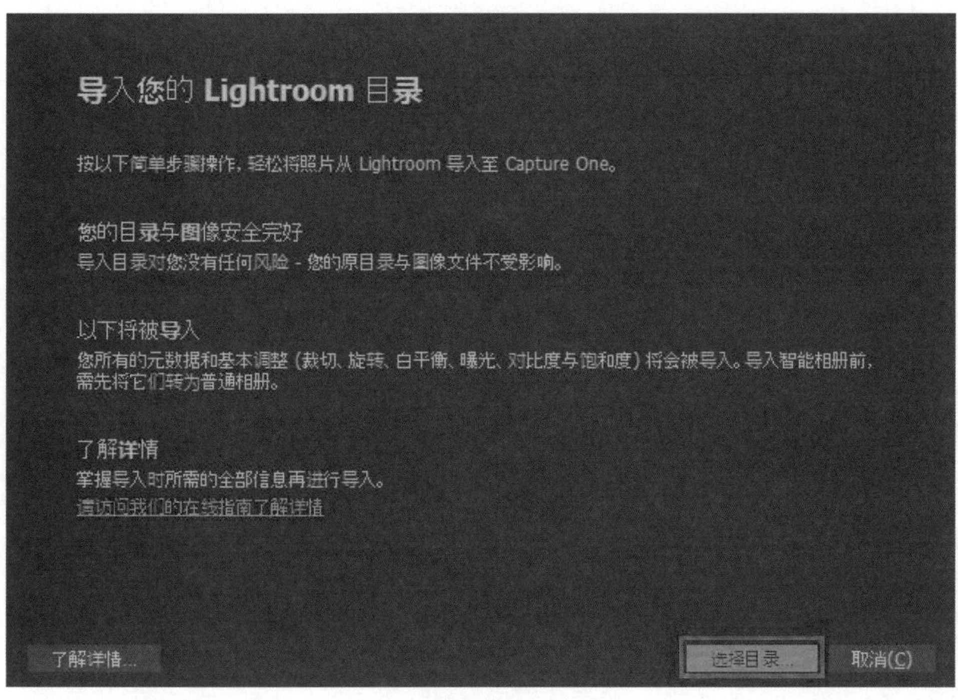

◎ 图 A2-136

然后双击打开 Lightroom 保存到桌面的目录文件，如图 A2-137 所示。

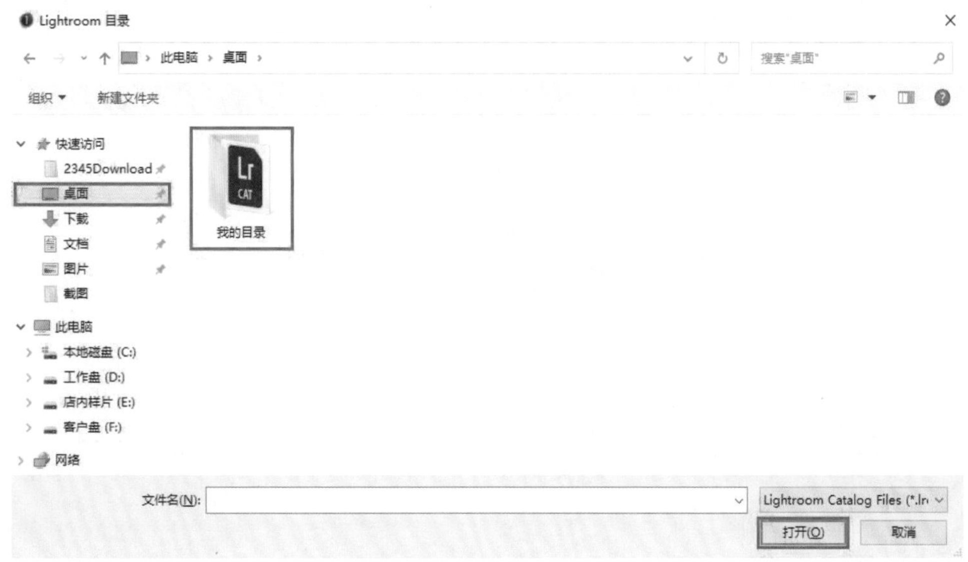

◎ 图 A2-137

打开目录以后，选中“我的目录”，单击“打开”按钮导入 Capture One 软

件中即可，如图 A2-138 所示。

◎ 图 A2-138

A3 课 Capture One 联机拍摄

A3.1　联机拍摄的设置

Capture One 软件支持的相机型号有 500 多种，联机拍摄用的计算机支持 Windows 系统和 macOS。

与 Windows 系统联机拍摄比较简单，一般只要连上相机和计算机就可以拍摄了，如果您的相机不识别，就拔掉相机卡。

macOS 在联机拍摄前，要解决两个品牌相机的驱动问题，需要安装尼康和佳能的驱动固件。如果您的相机是这两个品牌，联机成功就忽略驱动的安装，若联机不成功，就必须安装驱动固件。相机固件下载地址可以通过观看软件安装视频教程获取，如图 A3-1 所示。

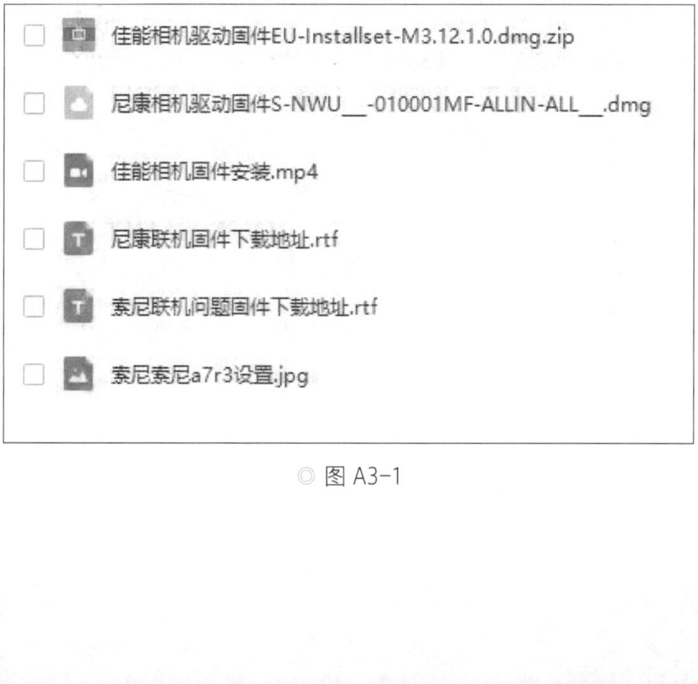

佳能相机驱动固件EU-Installset-M3.12.1.0.dmg.zip

尼康相机驱动固件S-NWU__-010001MF-ALLIN-ALL__.dmg

佳能相机固件安装.mp4

尼康联机固件下载地址.rtf

索尼联机问题固件下载地址.rtf

索尼索尼a7r3设置.jpg

◎ 图 A3-1

A3.2 联机拍摄实操与显示拍摄图像实时预览设置

软件安装成功后，就可以正常拍摄了，我们需要对软件进行实时预览设置，即拍一张就在计算机屏幕上显示一张的设置。

在软件界面中选择“相机”菜单中的“自动选择最新拍摄的照片→准备好后”，如图 A3-2 所示。

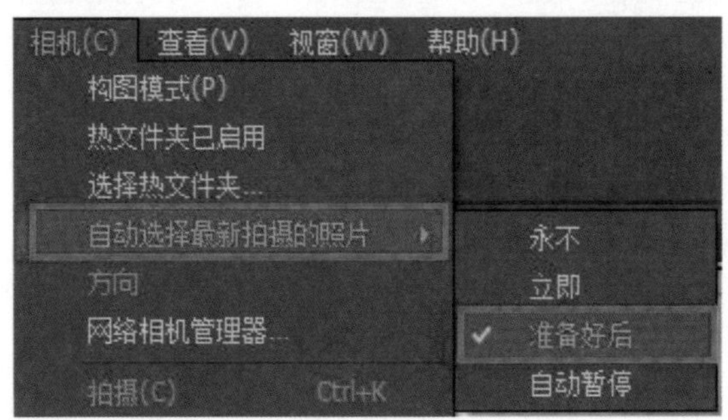

◎ 图 A3-2

以上全部设置完成后，连接相机就可以拍摄了，对于储存照片的文件夹，建议自己设置路径，这里再给大家重申一下设置方法，如图 A3-3 所示。

◎ 图 A3-3

A4 课

Capture One 调色

A4.1 Capture One 拍摄中批量同步调色的方法

Capture One 拍摄中批量同步调色的方法很简单，当相机成功连接计算机后，先拍摄一张照片，然后对拍摄的照片进行调色，色彩调整好以后，继续拍摄就可以了，后续拍摄的照片都会自动批量调色。

如果拍摄的场景比较多，建议对每个场景的第一张照片调色后再拍摄，这样每个场景的颜色都是不一样的，如图 A4-1 所示。

◎ 图 A4-1

方法很简单，希望大家多加练习。

A4.2　Capture One 的调色与批量同步

Capture One 的批量同步调色易操作，且方便快捷。将照片导入软件中，根据不同的场景将照片分开调色，方法如下。

选择其中的一个场景，对场景中的第一张照片调色，调色完毕后，单击软件右上角的“复制”按钮，复制当前的调色数据，如图 A4-2 所示。

◎ 图 A4-2

再单击当前场景的第一张照片，然后按住 Shift 键的同时单击当前场景的最后一张照片，被选中的照片都会出现在中间的工作区中，如图 A4-3 所示。

◎ 图 A4-3

选择好需要批量同步色彩的照片后，直接单击“应用”按钮，就能完成批量调色，如图 A4-4 所示。

◎ 图 A4-4

同步后的色彩根据照片不同的光线，颜色都会有不同的变化，我们需要认真地把同步过的照片检查一遍，手动调整曝光就可以了。

A4.3 Capture One 皮肤色调调节

皮肤色调的调节是利用软件中的“色彩编辑器”完成的，它可以针对皮肤的色彩和控制色彩的宽容度来完成皮肤色调的调节，“皮肤色调”面板如图 A4-5 所示。

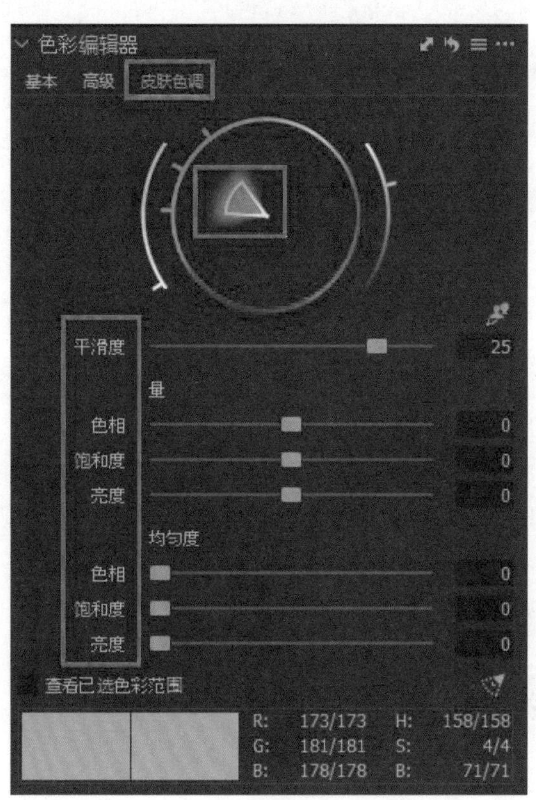

◎ 图 A4-5

实战篇

调色实战案例讲解

B1课 Capture One 流行色调

B1.1 INS风VSCO色调

本课学习INS风VSCO色调的调色方法，打开Capture One软件，将图B1-1所示练习素材导入。

◎ 图B1-1

建议在调色之前，设置一下调色面板，方便调色的时候使用，设置的方法在A2.3节的Capture One自定调整命令面板的课程中进行了详细的讲解，这里不再重复说明。

调色面板也可以参考下面的布局进行设置，如图B1-2所示，比较方便和实用。另外，可以在该布局的基础上增加调色命令，但不要减少。

◎ 图 B1-2

现在我们开始调色。首先调整“白平衡”，将“色温”值设置为6840，将“色调”值设置为5，调整的目的是让色温偏暖，色调偏洋红，如图B1-3所示。

◎ 图 B1-3

调整“曝光”，在这里只降低“饱和度”即可，如图 B1-4 所示。

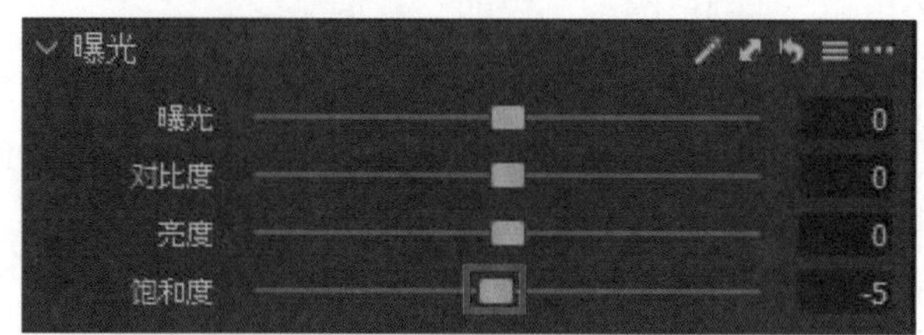

◎ 图 B1-4

调整“高动态范围”。主要控制图像的“高光”和“阴影”的过渡，也就是控制影调，如图 B1-5 所示。

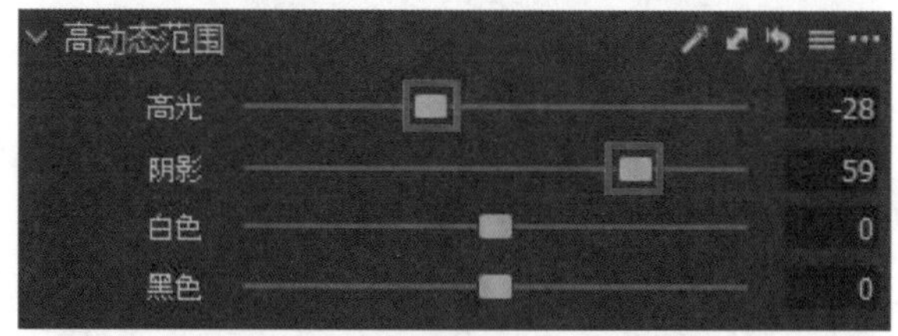

◎ 图 B1-5

调整“降噪”统一色彩的像素，让图像更干净，如图 B1-6 所示。

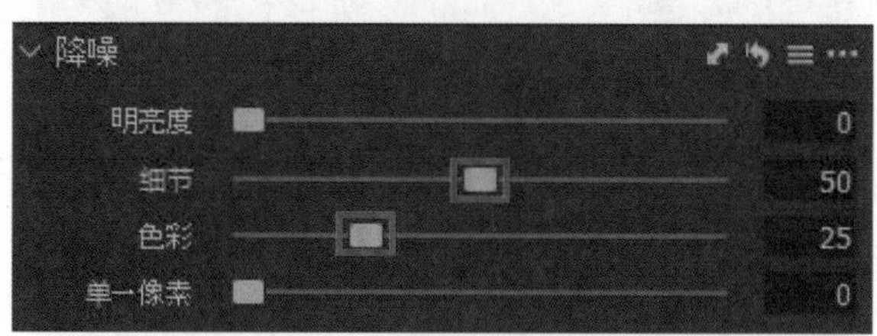

◎ 图 B1-6

调整“色阶”，降低图像整体的高光，如图 B1-7 所示。

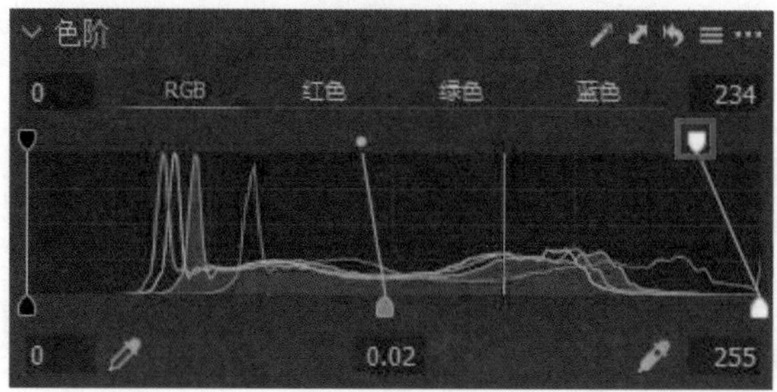

◎ 图 B1-7

调整“曲线”。需要分别控制RGB复合通道，以及“亮度”“红色”“绿色”“蓝色”通道。

先调整RGB通道，控制图像对比，如图B1-8所示。

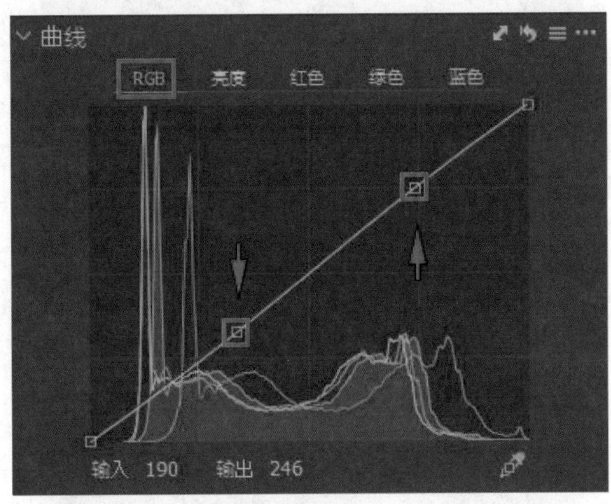

◎ 图 B1-8

调整“亮度”通道，进一步调整图像对比，如图B1-9所示。

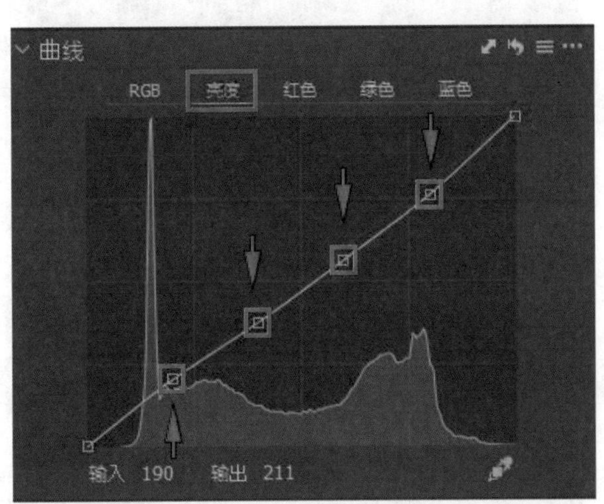

◎ 图 B1-9

切换到“红色”通道，为暗部增加青色，为高光增加红色，如图B1-10所示。

切换到“绿色”通道，为暗部加洋红，为高光加绿色，如图B1-11所示。

切换到“蓝色”通道，为暗部加黄，为高光加蓝色，如图B1-12所示。

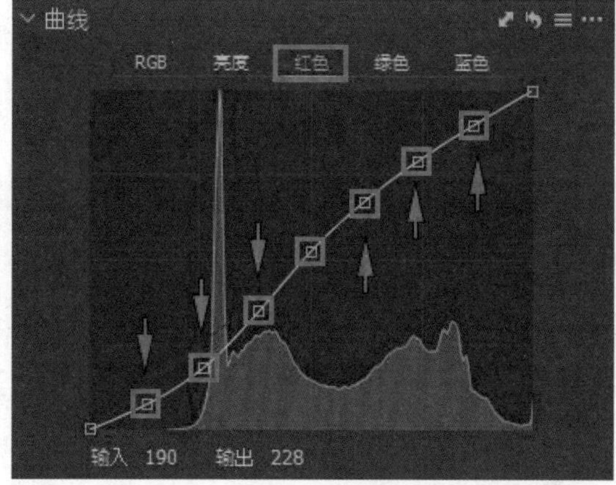

◎ 图 B1-10

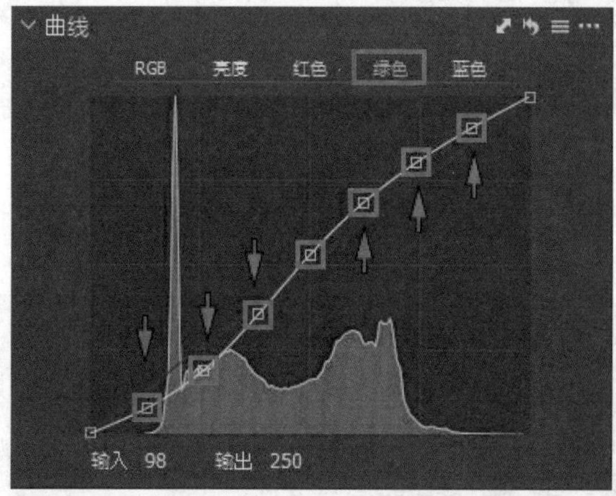

◎ 图 B1-11

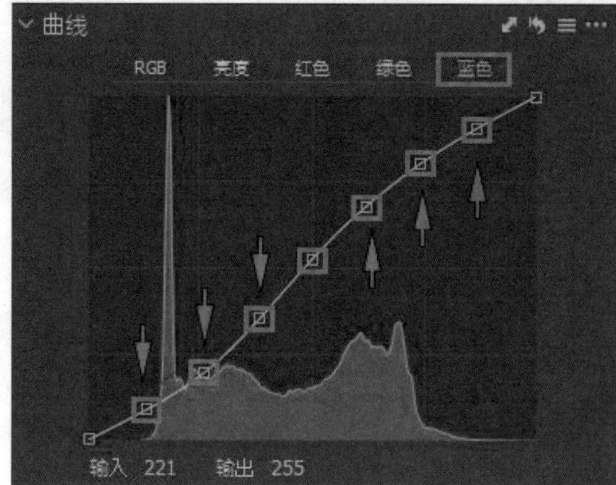

◎ 图 B1-12

最后为图像添加“胶片颗粒”，强化最终的调色效果，如图 B1-13 所示。

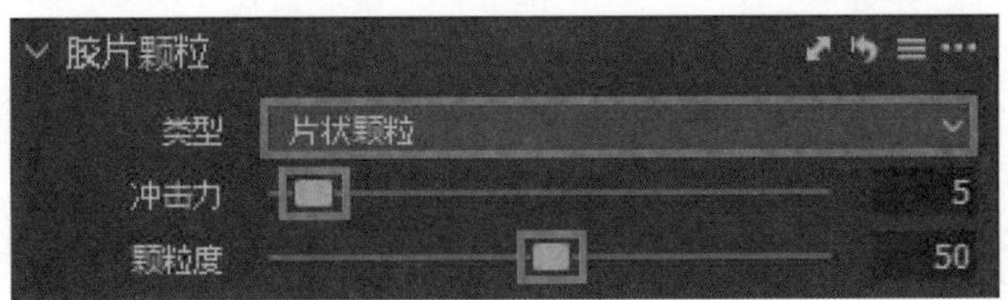

◎ 图 B1-13

调色完成，观察调整前后的对比效果，如图 B1-14 所示。

◎ 图 B1-14

B1.2 INS 风波西米亚婚礼人像色调

本课将学习 INS 风波西米亚婚礼人像色调的调色方法，将图像导入 Capture One 软件，如图 B1-15 所示。

◎ 图 B1-15

在“白平衡”中设置“色温”值为 5500，如图 B1-16 所示。

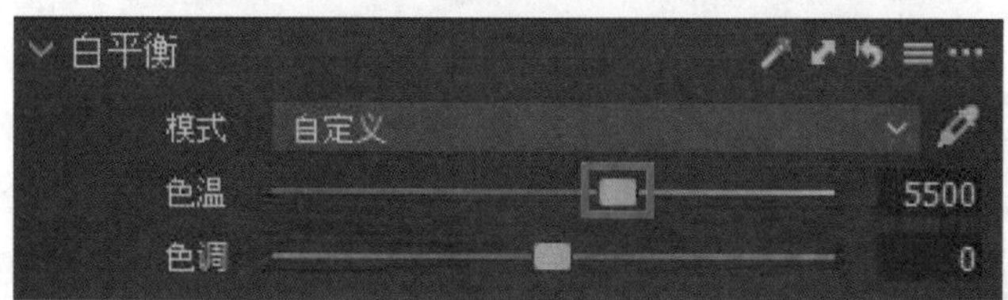

◎ 图 B1-16

在“曝光”中调整图像的“对比度”，去除灰度，如图 B1-17 所示。

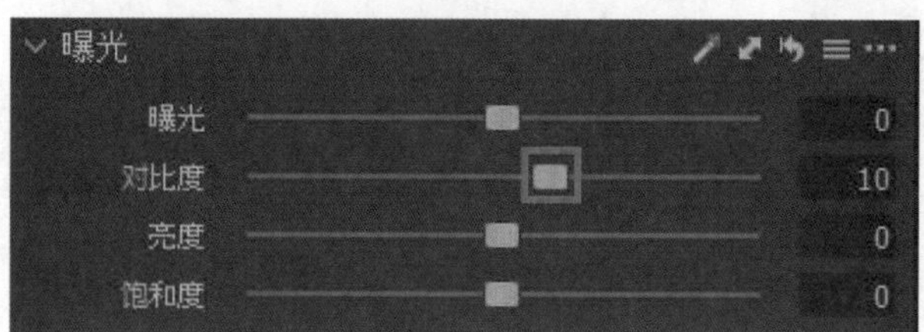

◎ 图 B1-17

调整“高动态范围”，调整图像的“高光”和“阴影”的过渡，如图 B1-18 所示。

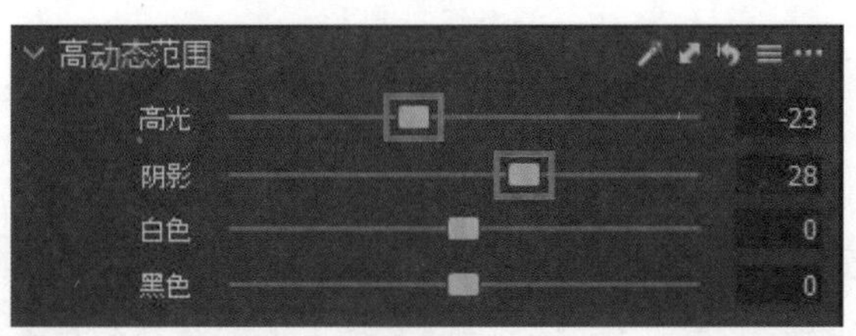

◎ 图 B1-18

图像整体有点偏暗，暗部会有噪点的产生，因此用“降噪”工具处理一下，如图 B1-19 所示。

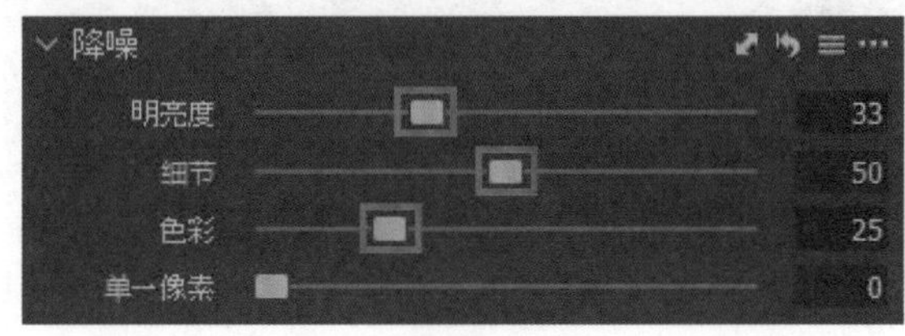

◎ 图 B1-19

用“锐化”工具调整图像的锐度，强化图像的层次感，如图 B1-20 所示。

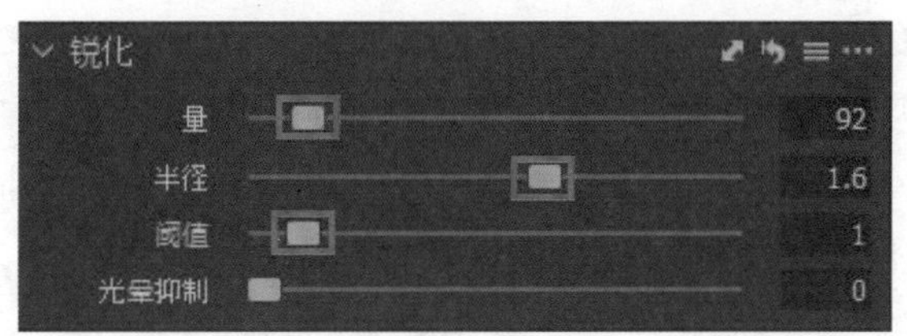

◎ 图 B1-20

调整“色阶”，增加图像的高光亮度，如图 B1-21 所示。

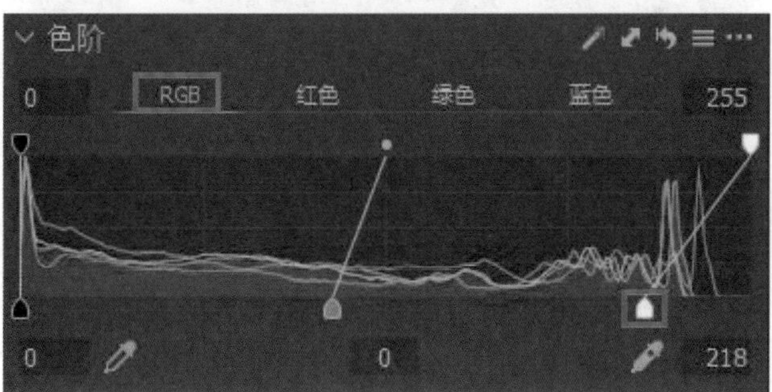

◎ 图 B1-21

调整“曲线”。分别控制 RGB 复合通道，以及“亮度”“红色”“绿色”“蓝色”通道。

先调整 RGB 通道，控制图像对比度，压低高光，稍微提高一点暗部，如图 B1-22 所示。

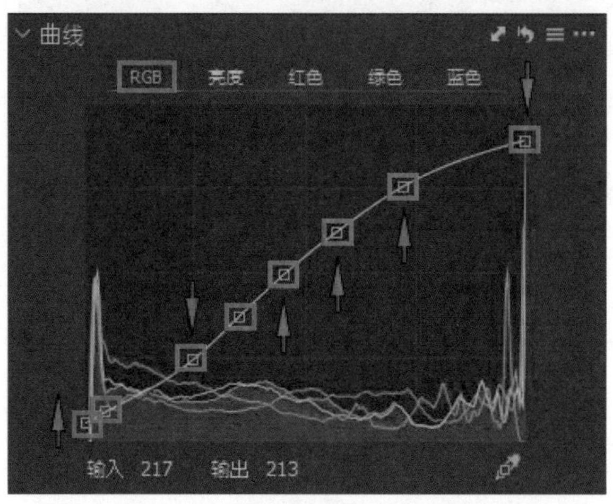

◎ 图 B1-22

调整“亮度”通道，增强图像的对比效果，如图 B1-23 所示。

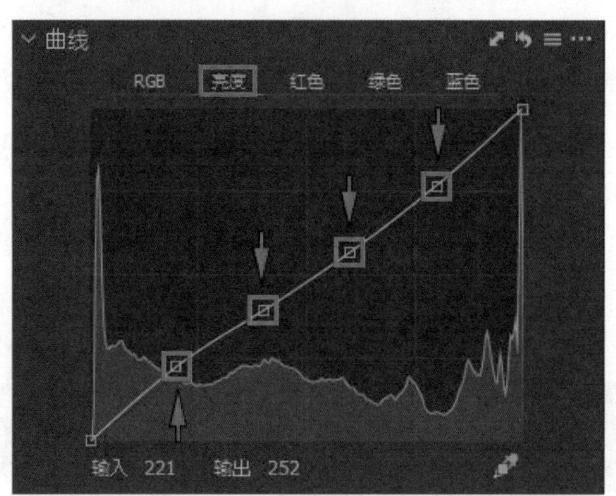

◎ 图 B1-23

切换到“红色”通道，主要为图像增加红色，如图 B1-24 所示。

切换到“绿色”通道，整体增加绿色，如图 B1-25 所示。

切换到“蓝色”通道，为高光区域加黄色，为中间调区域加蓝色，如图 B1-26 所示。

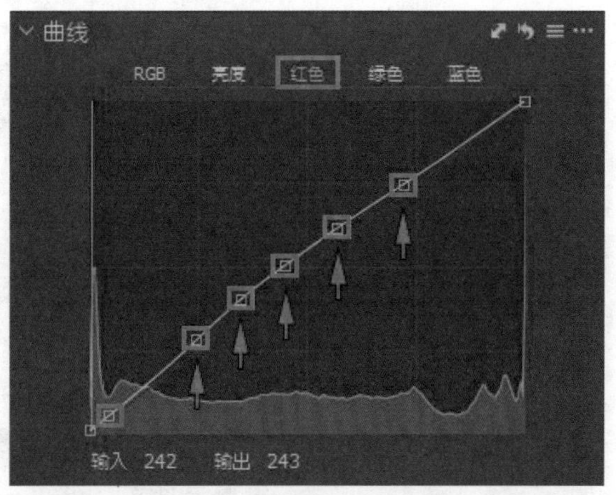

◎ 图 B1-24

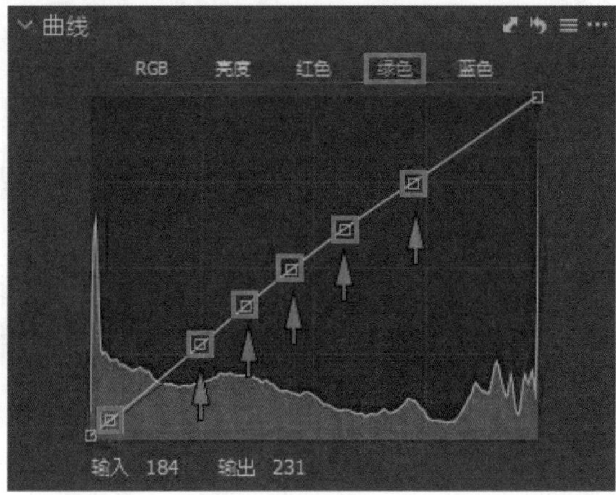

◎ 图 B1-25

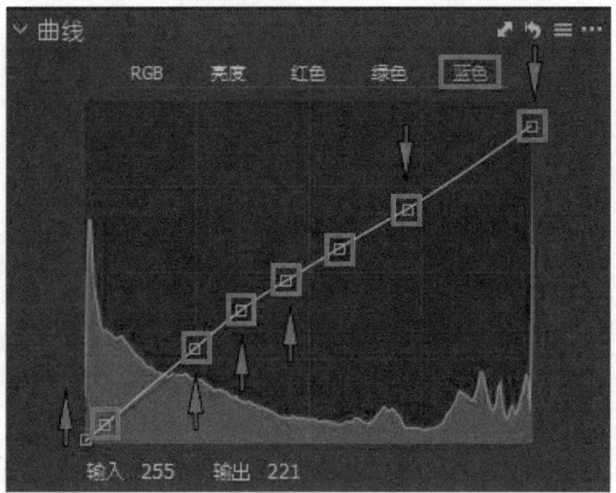

◎ 图 B1-26

调整“色彩平衡”，为暗部添加红色，如图 B1-27 所示。

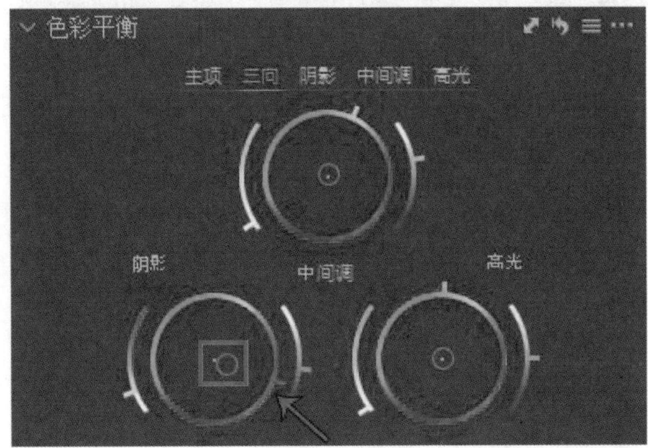

◎ 图 B1-27

调整“色彩编辑器”，为全图增加“饱和度”，如图 B1-28 所示。

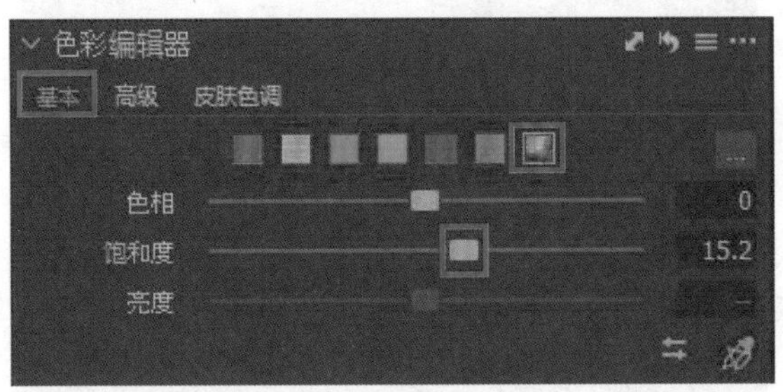

◎ 图 B1-28

调色完成，观察调整前后的对比效果，如图 B1-29 所示。

◎ 图 B1-29

B1.3 INS 风波西米亚清新旅拍色调

本课将学习 INS 风波西米亚清新旅拍色调的调色方法。打开图 B1-30 所示的图像，将其导入 Capture One 软件中。

◎ 图 B1-30

调整“白平衡”，将“色温”值设置为 5801，如图 B1-31 所示。

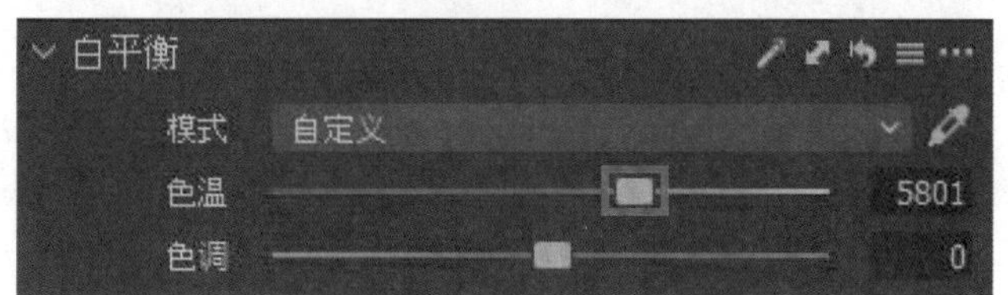

◎ 图 B1-31

调整“曝光”，增加“饱和度”，强化图像的色彩，如图 B1-32 所示。

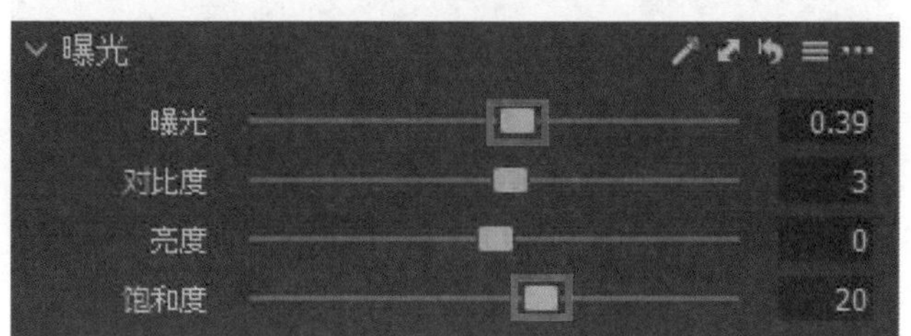

◎ 图 B1-32

调整“高动态范围”，增加图像“阴影”细节，如图 B1-33 所示。

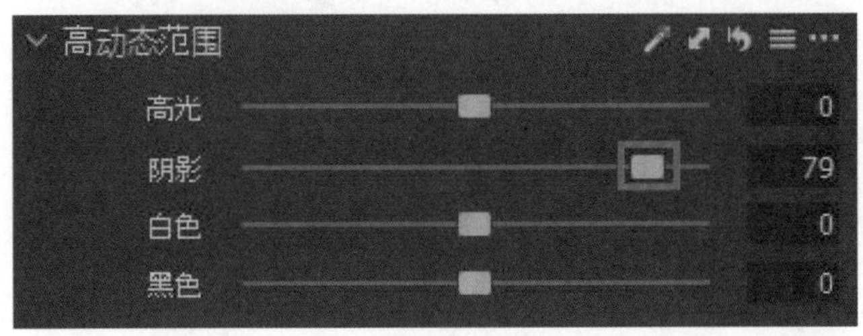

◎ 图 B1-33

为图像降噪，柔化图像整体色彩过渡，如图 B1-34 所示。

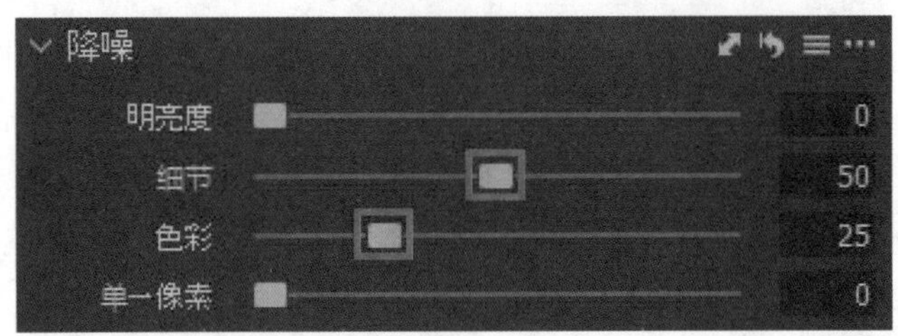

◎ 图 B1-34

提高“清晰度”，强化图像的层次感，如图 B1-35 所示。

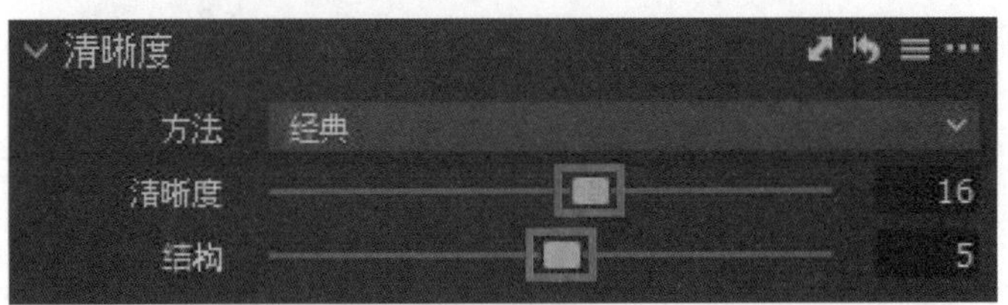

◎ 图 B1-35

锐化图像，让图像整体更有质感，如图 B1-36 所示。

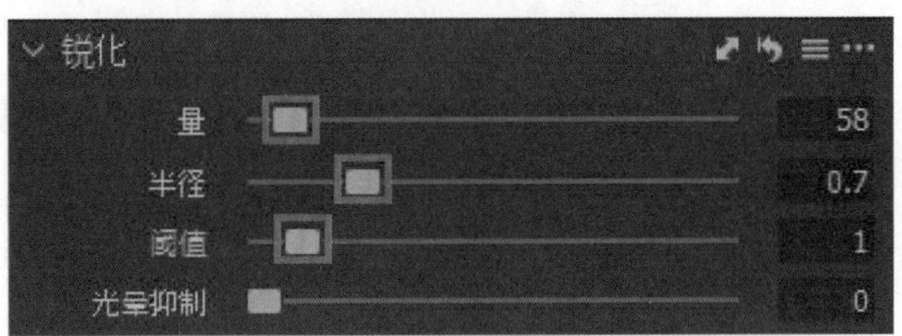

◎ 图 B1-36

调整“色阶”，提高高光的亮度，让高亮区域的细节更丰富，如图 B1-37 所示。

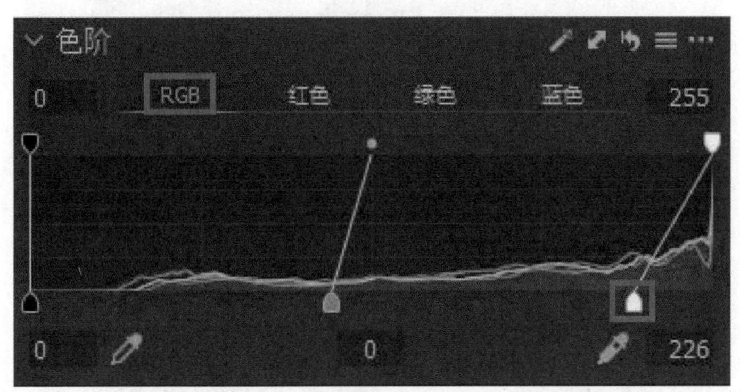

◎ 图 B1-37

调整“曲线”，分别控制 RGB 复合通道，以及“亮度”“红色”“绿色”“蓝色”通道。

先调整 RGB 通道，控制图像对比，压低高光，提高暗部，如图 B1-38 所示。

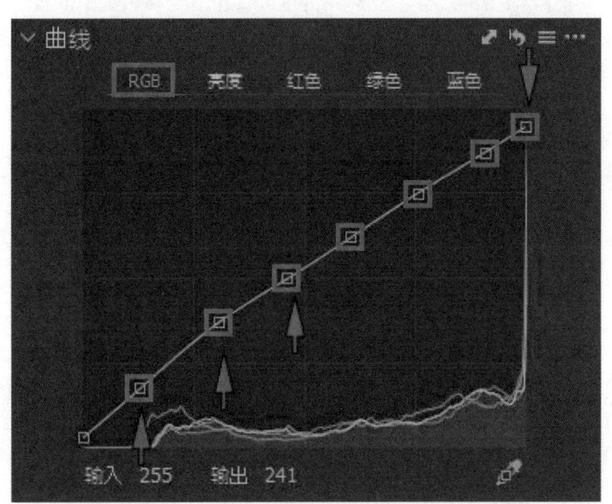

◎ 图 B1-38

切换到“亮度”通道，进一步强化对比，如图 B1-39 所示。

切换到“红色”通道，为暗部加青色，为高光加少许红色，如图 B1-40 所示。

切换到“绿色”通道，为暗部加洋红色，为高光加少许绿色，如图 B1-41 所示。

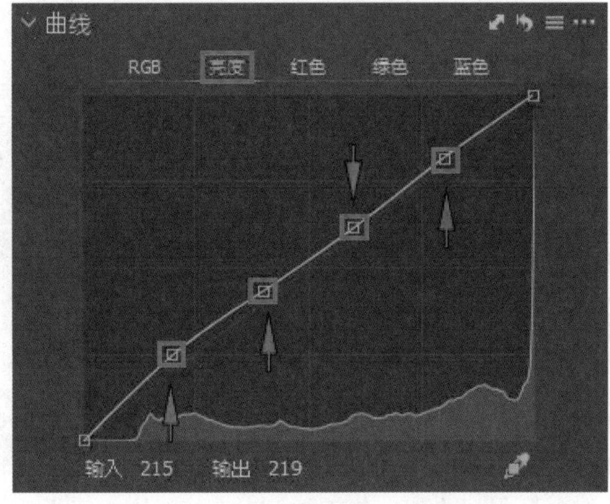

◎ 图 B1-39

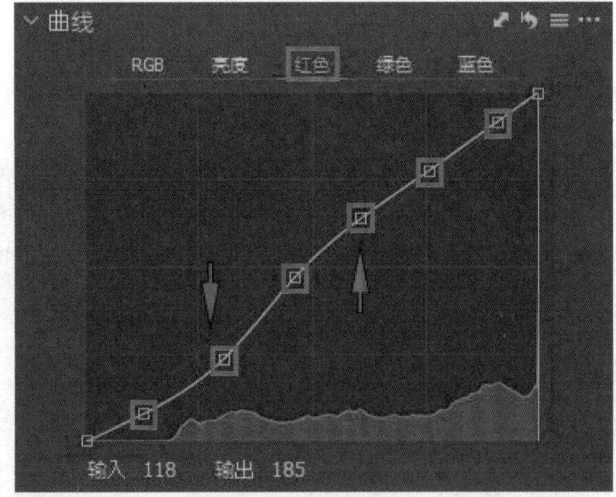

◎ 图 B1-40

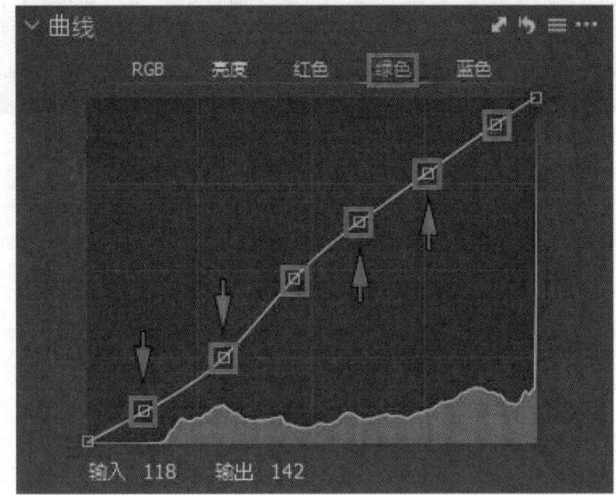

◎ 图 B1-41

调整“蓝色”通道，为暗部加黄色，为高光加少许蓝色，如图 B1-42 所示。

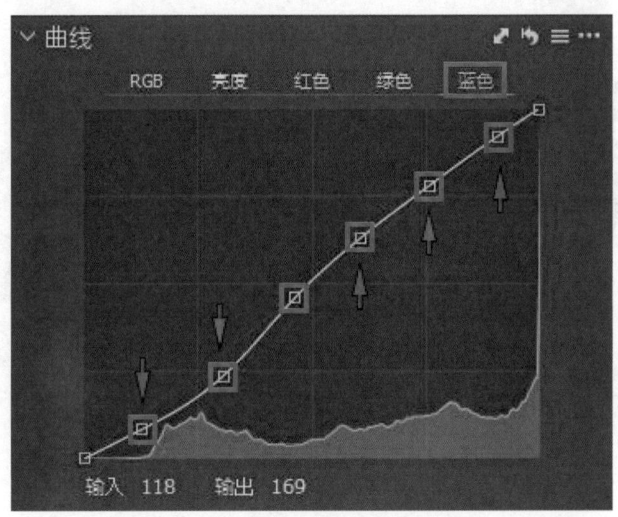

◎ 图 B1-42

调整“色彩编辑器”，选择复合通道，增加“饱和度”，如图 B1-43 所示。

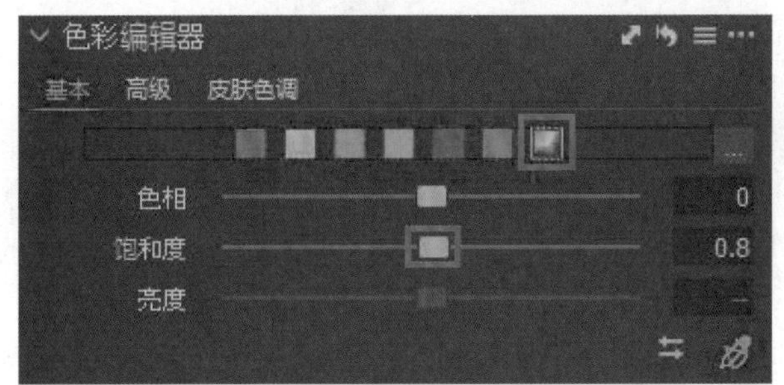

◎ 图 B1-43

添加“胶片颗粒”效果，如图 B1-44 所示。

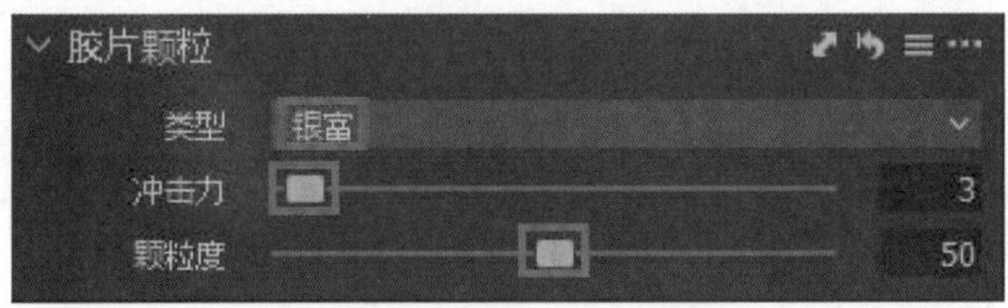

◎ 图 B1-44

调色完成，观察调整前面的对比效果，如图 B1-45 所示。

◎ 图 B1-45

B1.4 VSCO 电影森系色调

本课将学习 VSCO 电影森系色调的调色方法。先将图 B1-46 所示的图像导入 Capture One 软件中。

◎ 图 B1-46

调整“白平衡”。将“色温”值设置为 3952，调整“色调”为偏青色，如图 B1-47 所示。

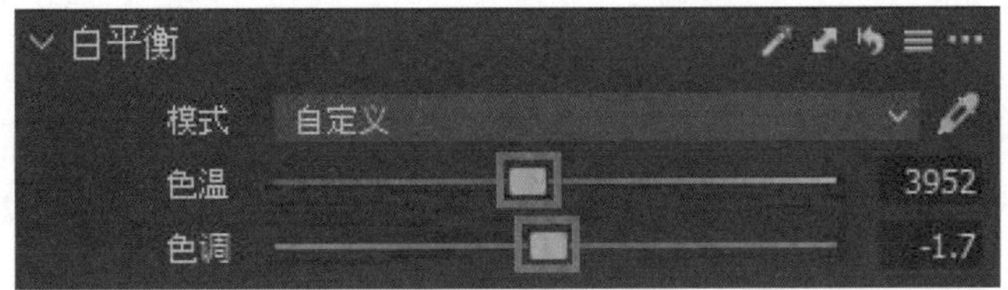

◎ 图 B1-47

调整“曝光”。降低“曝光”，减少“饱和度”，如图 B1-48 所示。

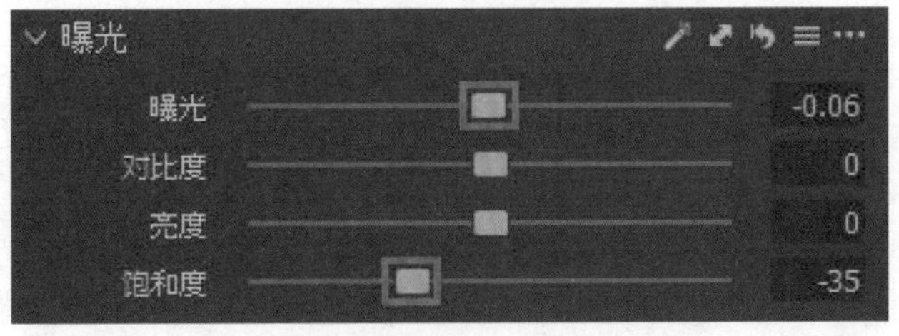

◎ 图 B1-48

调整“高动态范围”。降低“高光”，提高“阴影”，如图 B1-49 所示。

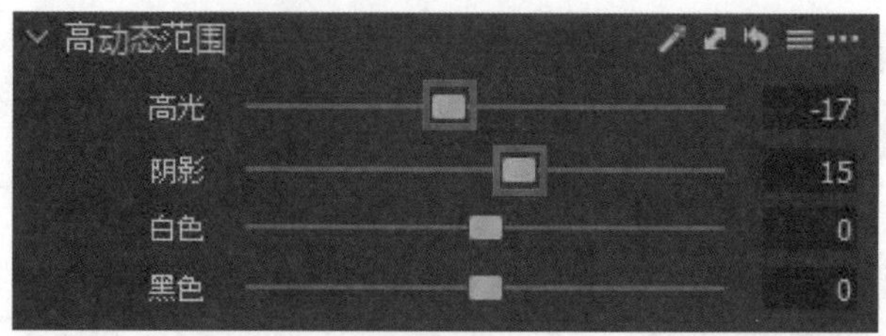

◎ 图 B1-49

降低图像整体的噪点，柔和图像，如图 B1-50 所示。

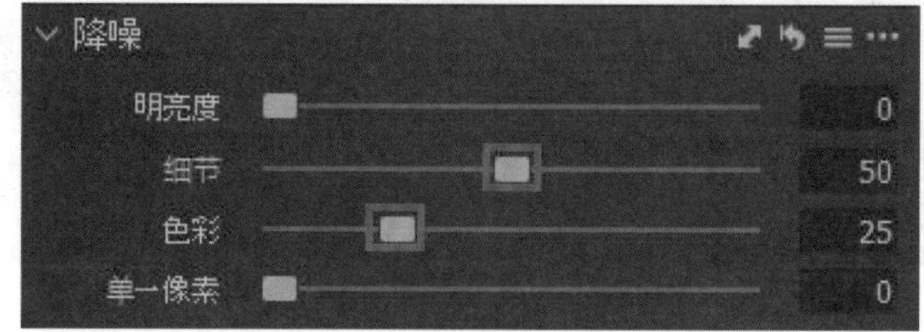

◎ 图 B1-50

锐化图像，强化图像的质感，如图 B1-51 所示。

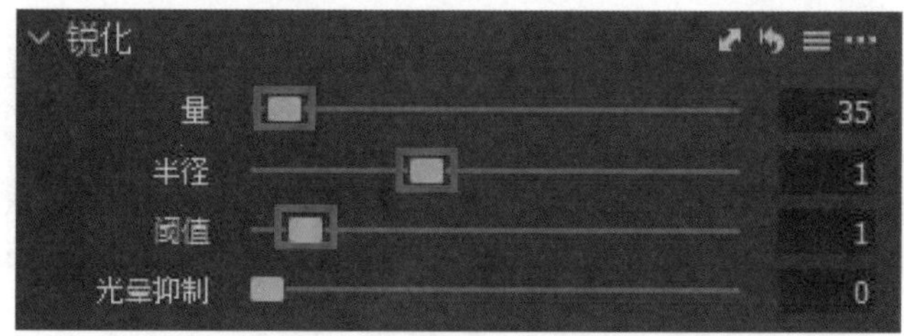

◎ 图 B1-51

调整“色阶”，降低高光，如图 B1-52 所示。

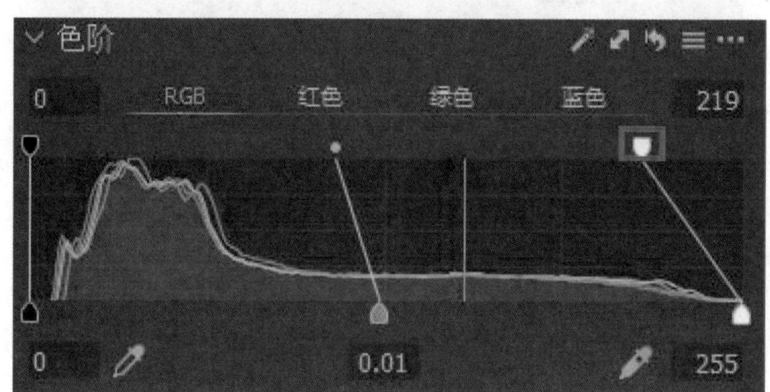

◎ 图 B1-52

调整“曲线”。分别控制RGB复合通道，以及“亮度”“红色”“绿色”“蓝色”通道。

先调整RGB通道，控制图像对比，压低高光，稍微提高暗部，如图B1-53所示。

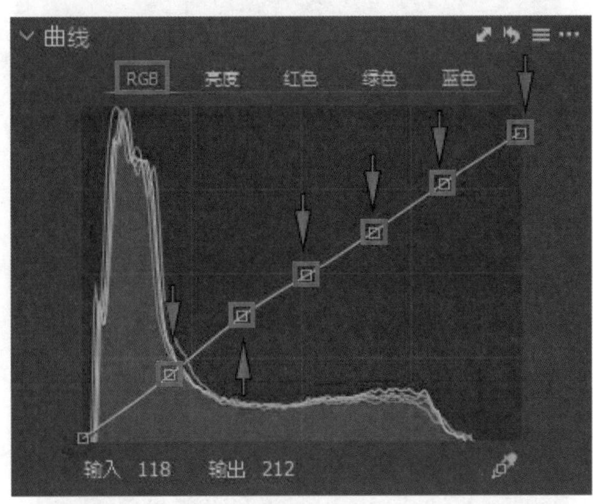

◎ 图 B1-53

切换到“亮度”通道，增加图像对比，如图B1-54所示。

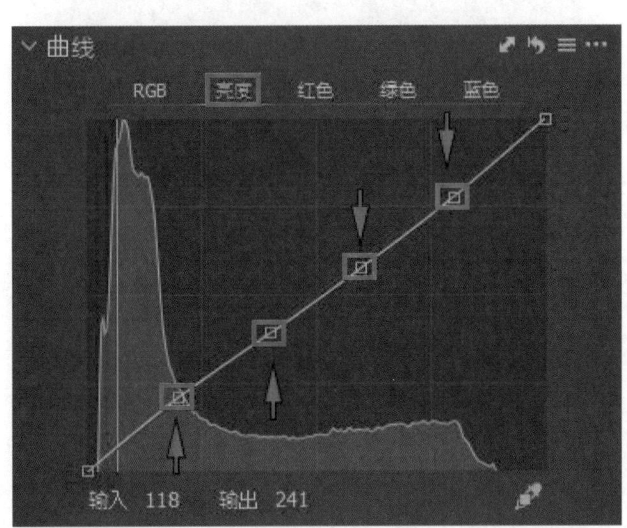

◎ 图 B1-54

切换到“红色”通道，为暗部加青色，为高光加红色，如图B1-55所示。
切换到“绿色”通道，为暗部加洋红色，为高光加绿色，如图B1-56所示。
切换到“蓝色”通道，为暗部加黄色，为高光加蓝色，如图B1-57所示。

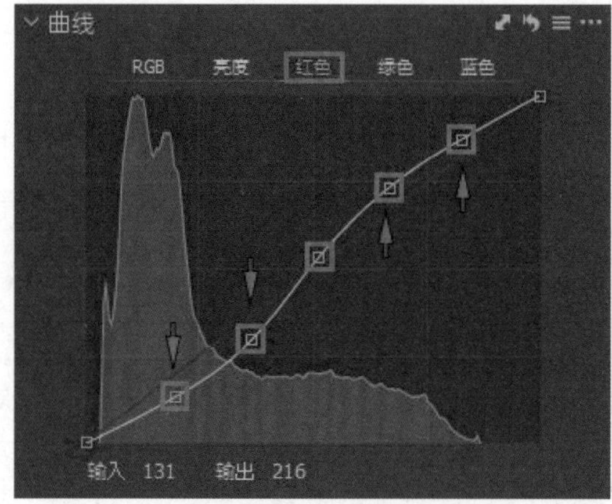

◎ 图 B1-55

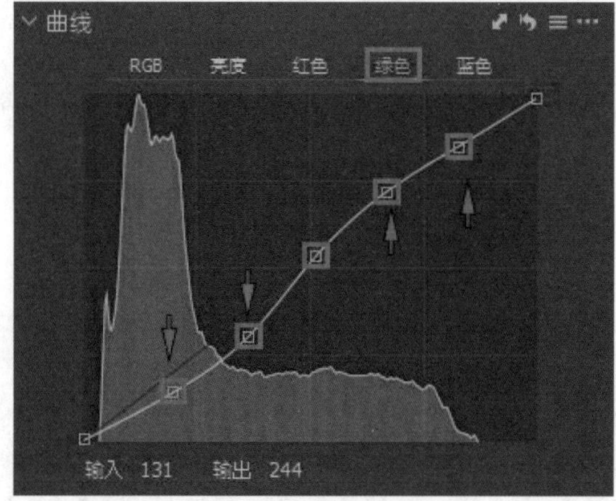

◎ 图 B1-56

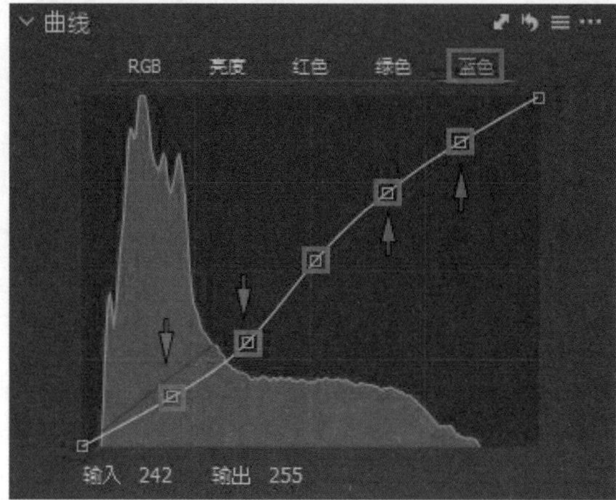

◎ 图 B1-57

调整“色彩平衡”，为“阴影”加黄色，如图 B1-58 所示。

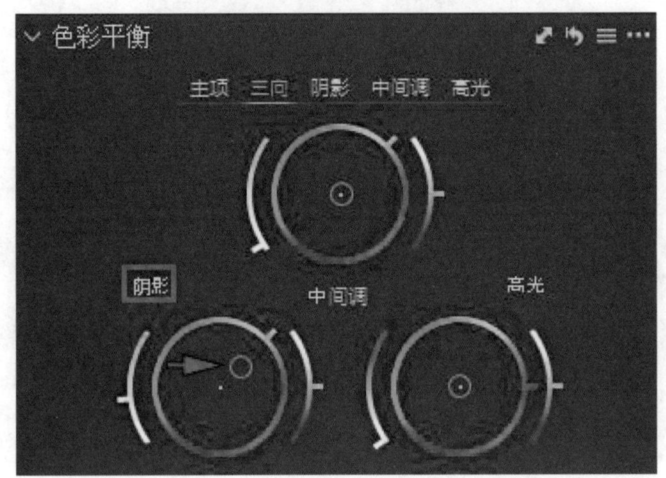

◎ 图 B1-58

调整“色彩编辑器”，为复合通道降低饱和度，如图 B1-59 所示。

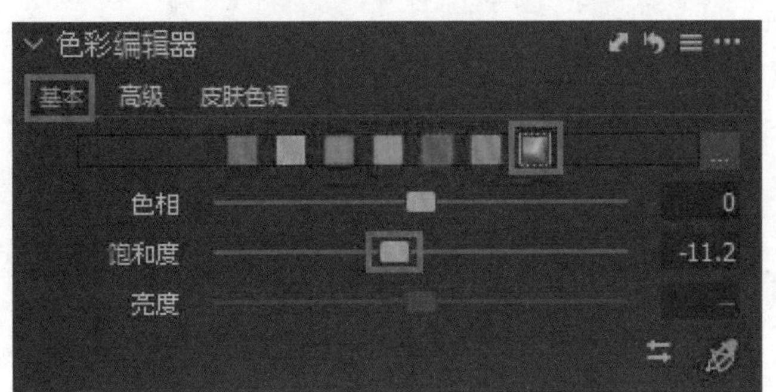

◎ 图 B1-59

添加“胶片颗粒”效果，如图 B1-60 所示。

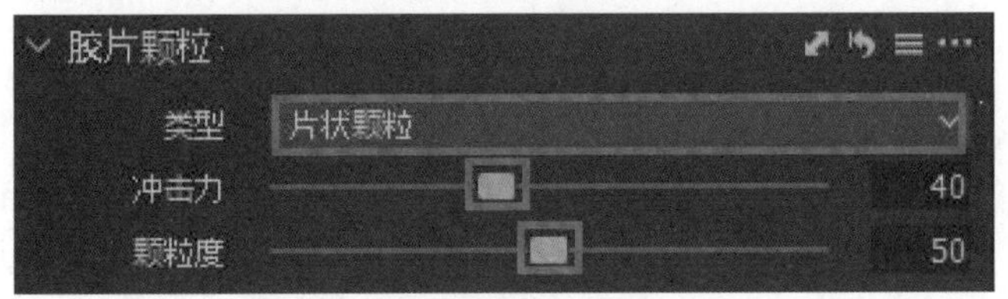

◎ 图 B1-60

调色完成，观察调整前后的对比效果，如图 B1-61 所示。

◎ 图 B1-61

B1.5　VSCO 富士胶片色调

本课学习 VSCO 富士胶片色调的调色方法。将图 B1-62 所示的图像导入 Capture One 软件。

◎ 图 B1-62

调整“白平衡”。设置“色温”值为 5500，如图 B1-63 所示，使图像偏暖。

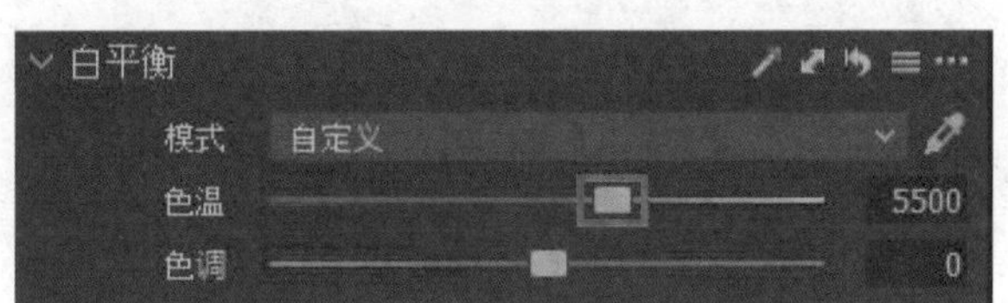

◎ 图 B1-63

提高“曝光”，降低“饱和度”，如图 B1-64 所示。

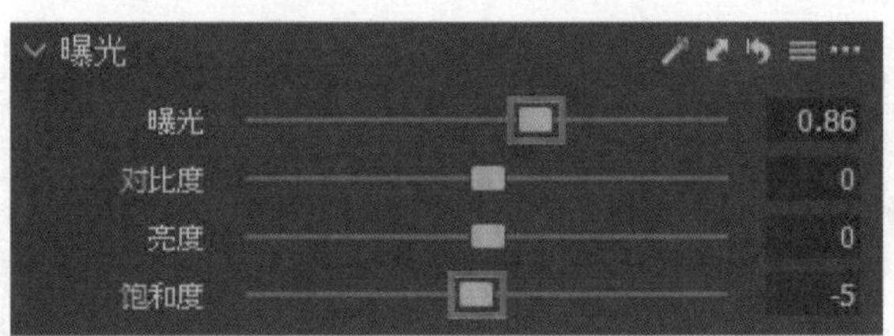

◎ 图 B1-64

调整“高动态范围”。降低“高光”，提高“阴影”，如图 B1-65 所示。

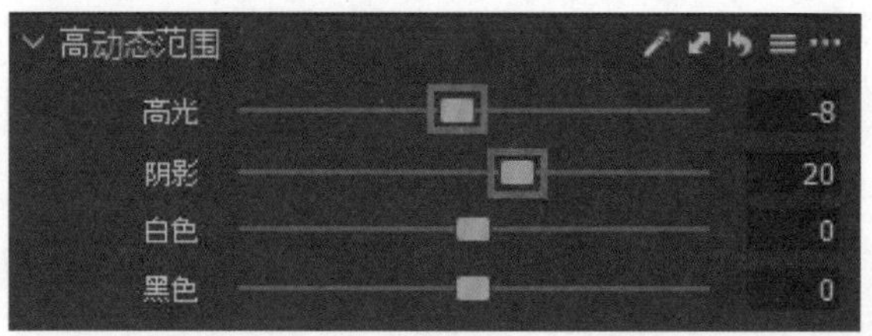

◎ 图 B1-65

调整“降噪”。降低“细节”，去除图像中多余的噪点，如图 B1-66 所示。

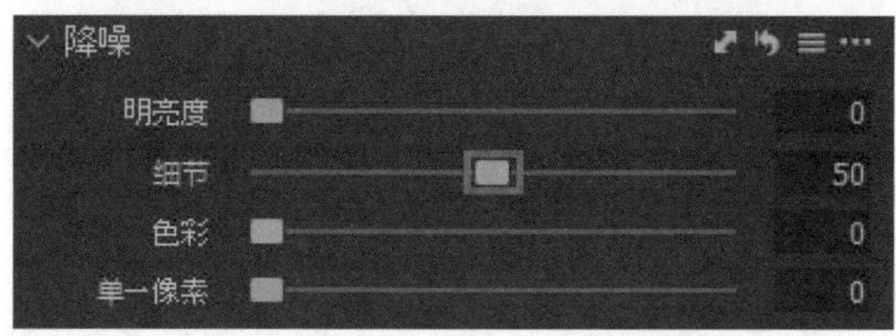

◎ 图 B1-66

调整“锐化”，增强图像的层次感，如图 B1-67 所示。

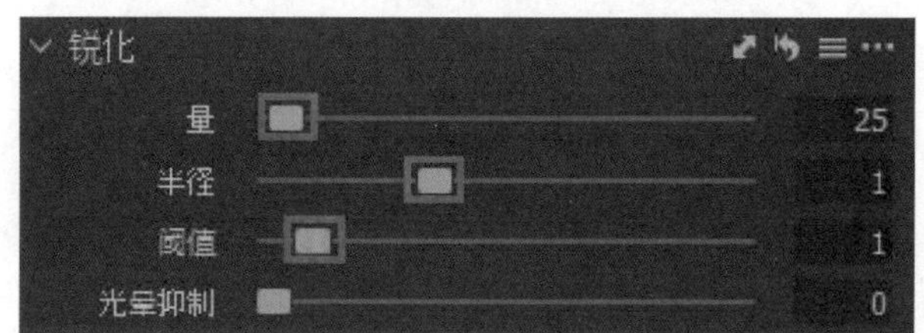

◎ 图 B1-67

调整“色阶”，稍微压低高光，如图 B1-68 所示。

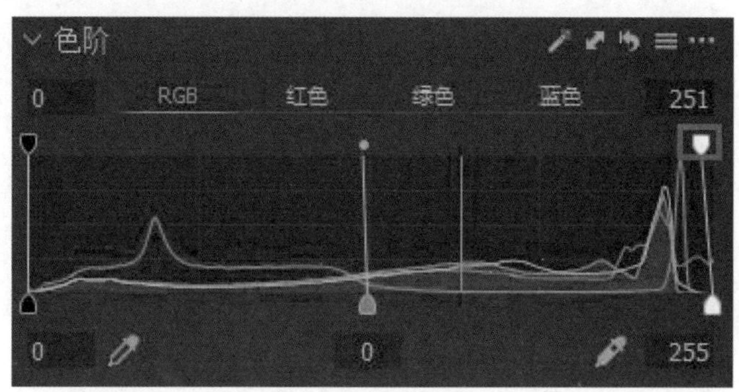

◎ 图 B1-68

调整“曲线”。先调整RGB通道，调整图像的整体对比度，如图B1-69所示。

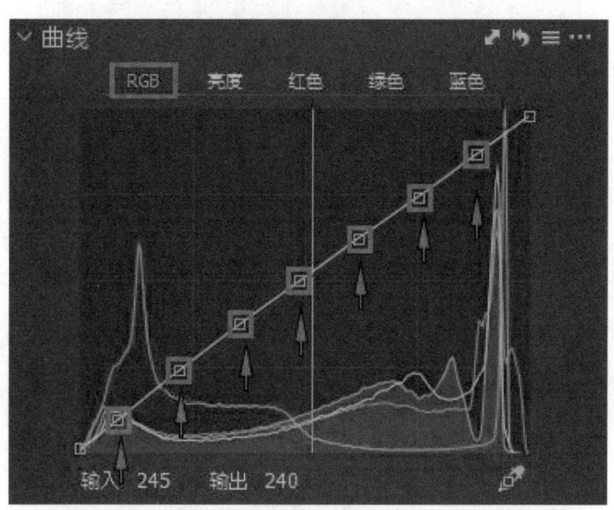

◎ 图B1-69

继续调整“曲线”。切换到“亮度”通道，进一步增强图像的对比度，如图B1-70所示。

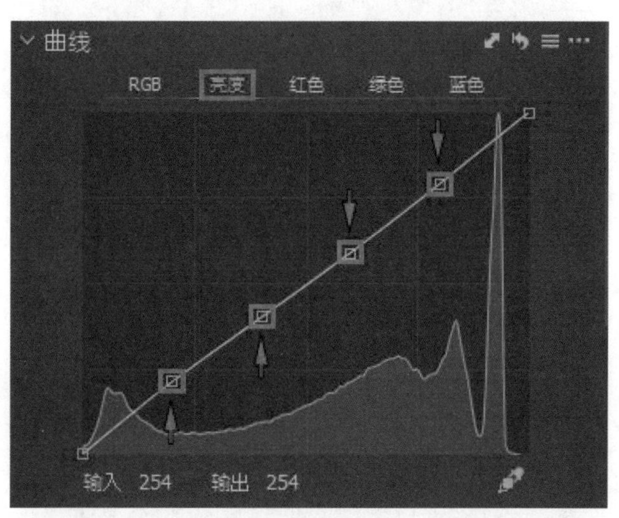

◎ 图B1-70

切换到“红色”通道，为高光加红色，为暗部加青色，如图B1-71所示。

切换到“绿色”通道，为高光加绿色，为暗部加洋红色，如图B1-72所示。

切换到“蓝色”通道，为高光加蓝色，为暗部加黄色，如图B1-73所示。

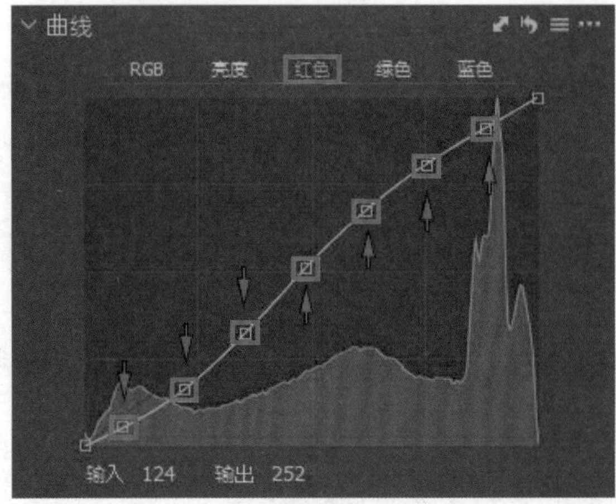

◎ 图 B1-71

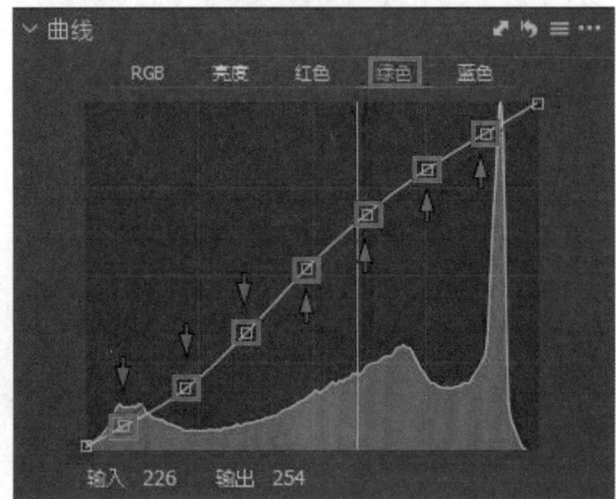

◎ 图 B1-72

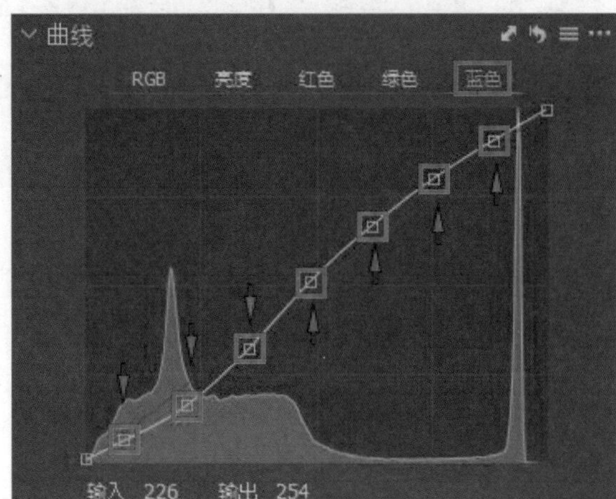

◎ 图 B1-73

调色完成，观察调整前后的对比效果，如图 B1-74 所示。

◎ 图 B1-74

B1.6 暗橙胶片色

本课学习暗橙胶片色的调色方法。将图 B1-75 所示的图像导入 Capture One 软件。

◎ 图 B1-75

调整“白平衡”。设置“色温”值为 5500，“色调”偏青色，如图 B1-76 所示。

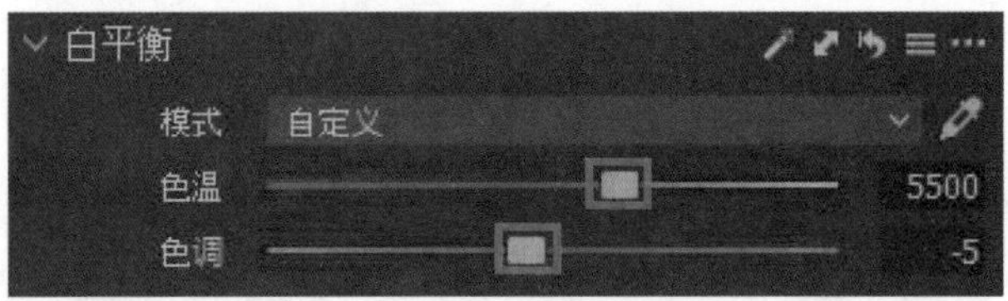

◎ 图 B1-76

调整“曝光”。降低“曝光”，提高“对比度”和“饱和度”，如图 B1-77 所示。

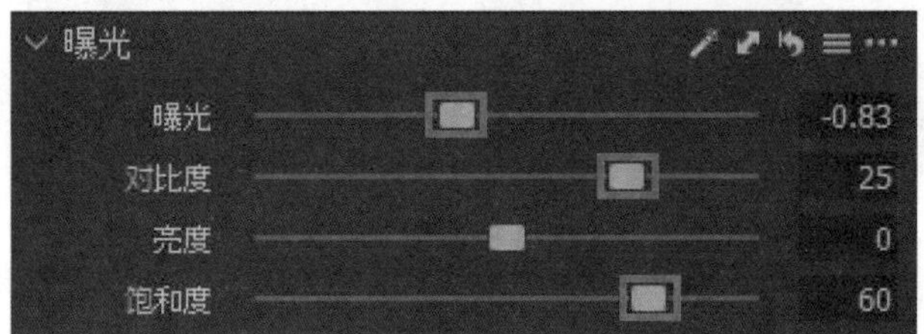

◎ 图 B1-77

调整“高动态范围”。降低“高光”，提高“阴影”，还原图像的更多细节，如图 B1-78 所示。

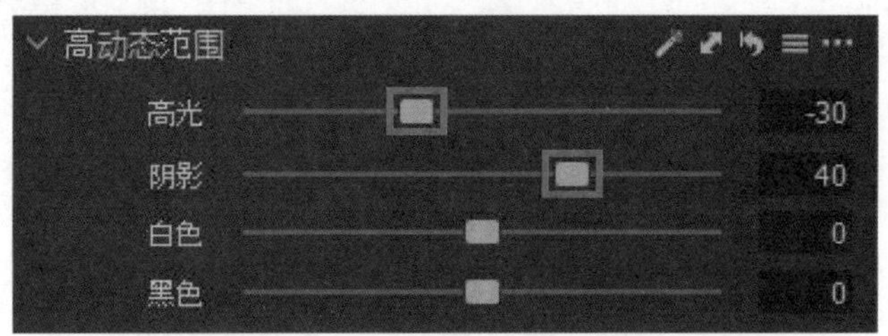

◎ 图 B1-78

调整“降噪”，去除图像中多余的噪点，使图像整体的色彩过渡自然，如图 B1-79 所示。

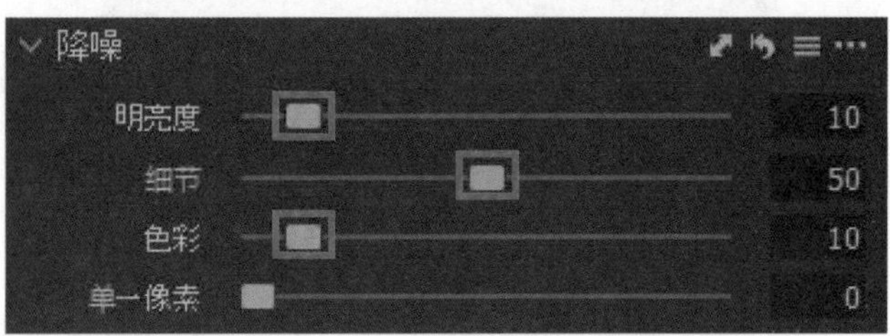

◎ 图 B1-79

调整“清晰度”，增强图像的层次感和质感，如图 B1-80 所示。

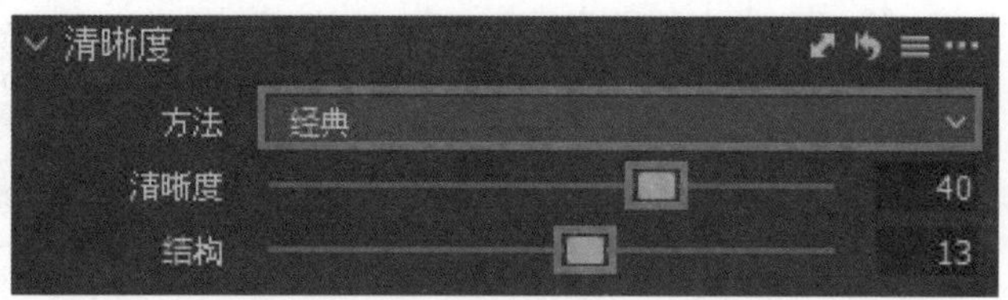

◎ 图 B1-80

调整“色阶”，压低高亮区域，还原图像的更多细节，如图 B1-81 所示。

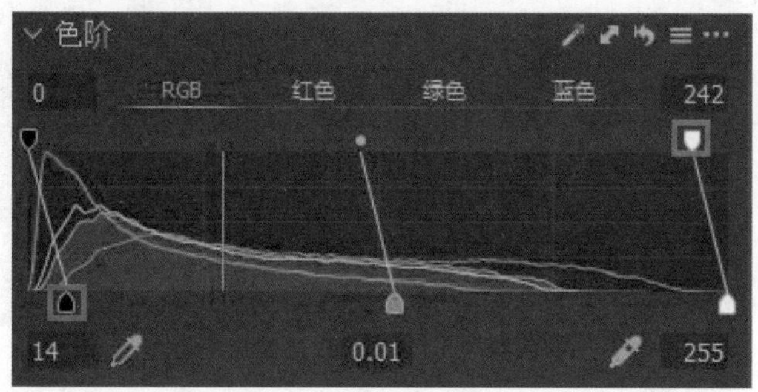

◎ 图 B1-81

调整“色彩编辑器”。提高复合通道的“饱和度”，如图 B1-82 所示。

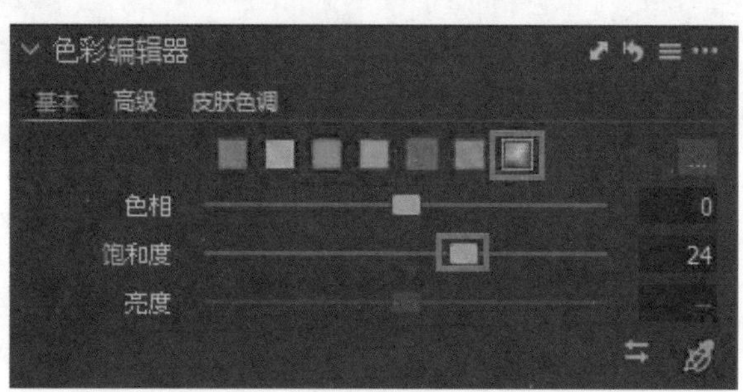

◎ 图 B1-82

调整“胶片颗粒”，为图像添加胶片效果，如图 B1-83 所示。

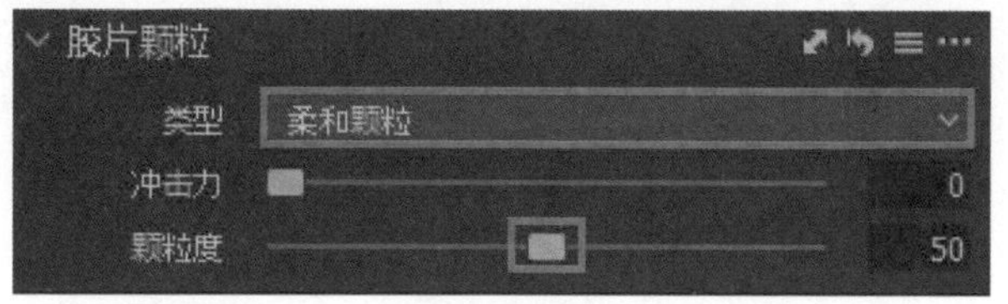

◎ 图 B1-83

调整“渐晕”，压暗图像四周，突出主题，如图 B1-84 所示。

◎ 图 B1-84

调色完成，观察调整前后的对比效果，如图 B1-85 所示。

◎ 图 B1-85

B1.7 波西米亚极简人像风格

本课学习波西米亚极简人像风格的调色方法。将图 B1-86 所示的图像导入 Capture One 软件。

调整“白平衡”。设置“色温”值为 5500，如图 B1-87 所示。

调整“曝光”。提高“曝光”，降低“对比度”，柔化图像，如图 B1-88 所示。

◎ 图 B1-86

◎ 图 B1-87

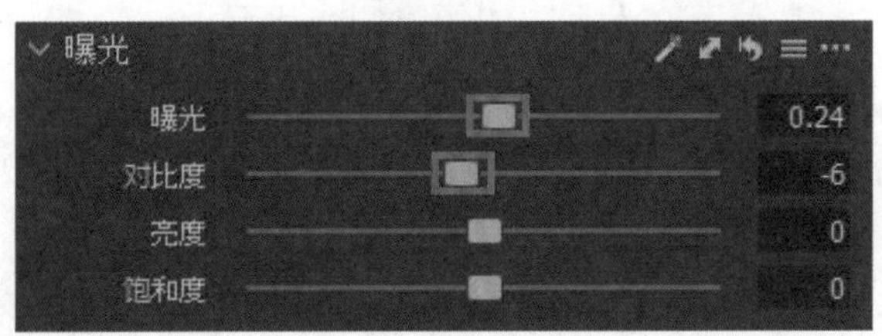

◎ 图 B1-88

调整“高动态范围”。降低“高光”，增加“阴影”，还原图像的更多细节，如图 B1-89 所示。

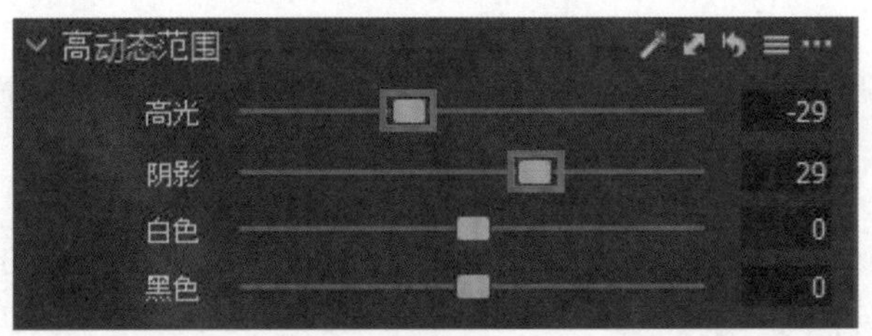

◎ 图 B1-89

调整“降噪”，去除杂色，如图 B1-90 所示。

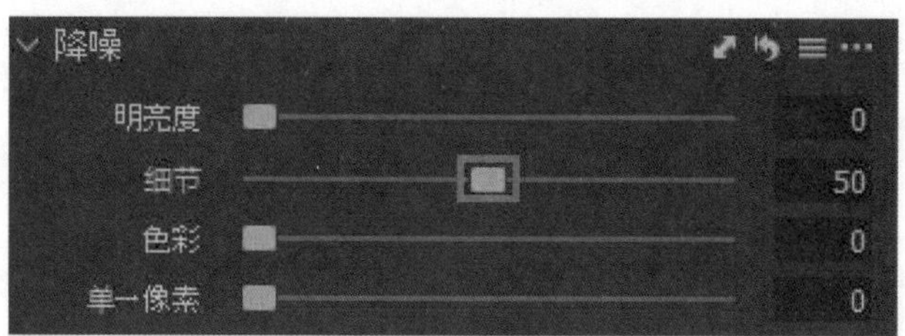

◎ 图 B1-90

调整“清晰度”，使图像更清晰，如图 B1-91 所示。

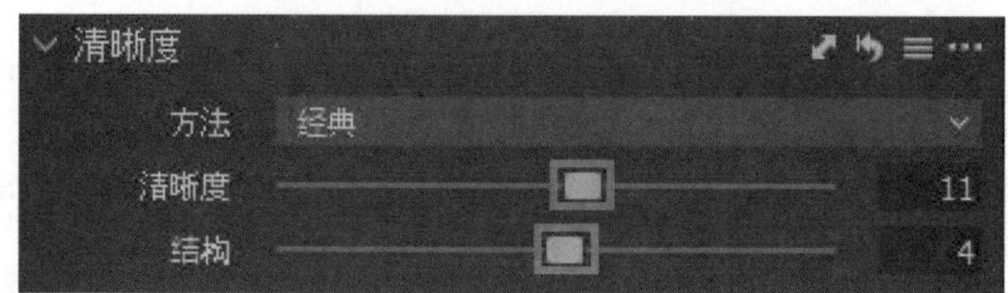

◎ 图 B1-91

调整“锐化”，数值不必太大，如图 B1-92 所示。

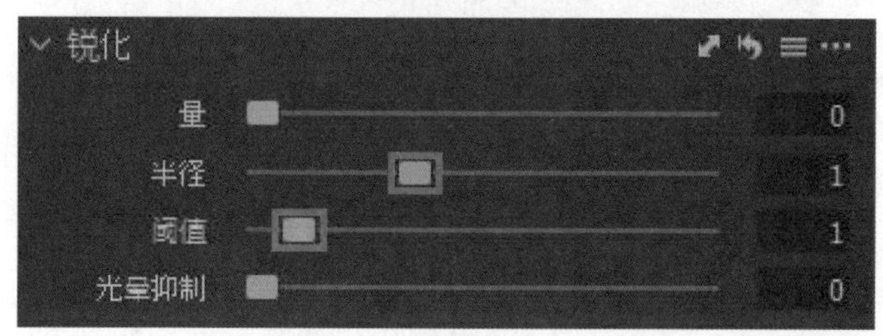

◎ 图 B1-92

调整“色阶”，压低高光区域，还原亮部更多的细节，如图 B1-93 所示。

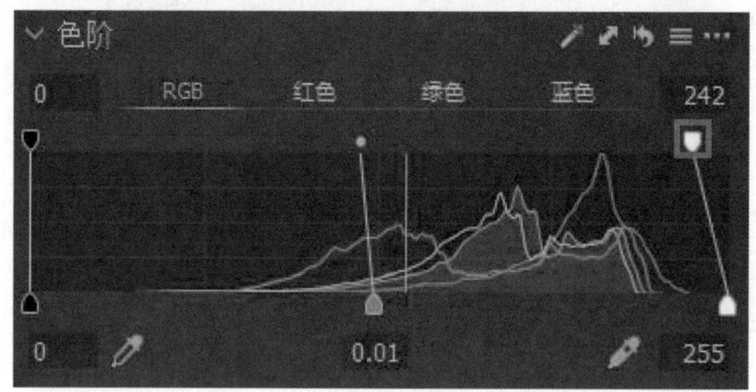

◎ 图 B1-93

调整“曲线”。调整 RGB 通道，增强图像的对比度，如图 B1-94 所示。

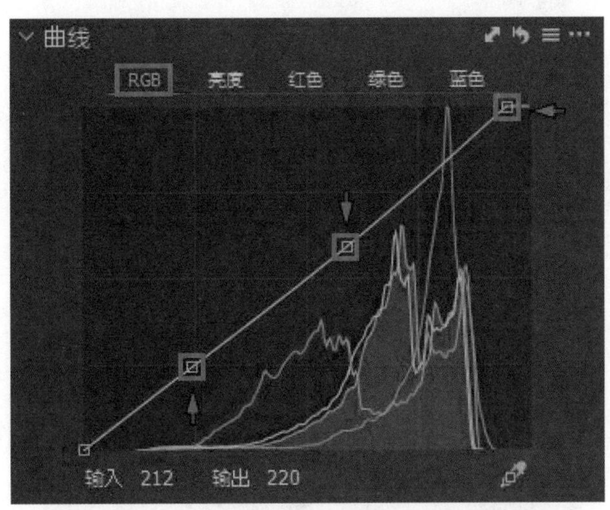

◎ 图 B1-94

调整“曲线”。切换到“亮度”通道，进一步增强图像的对比度，如图 B1-95 所示。

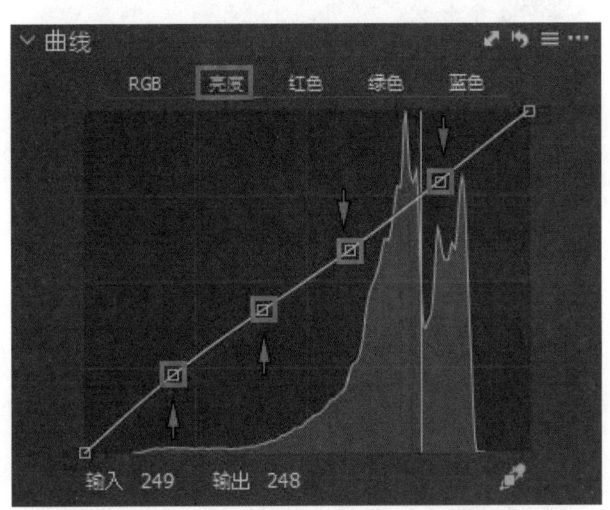

◎ 图 B1-95

切换到“红色”通道，为高光加红色，为暗部加青色，如图 B1-96 所示。

切换到“绿色”通道，为高光加绿色，为暗部加洋红色，如图 B1-97 所示。

切换到“蓝色”通道，为高光加蓝色，为暗部加黄色，如图 B1-98 所示。

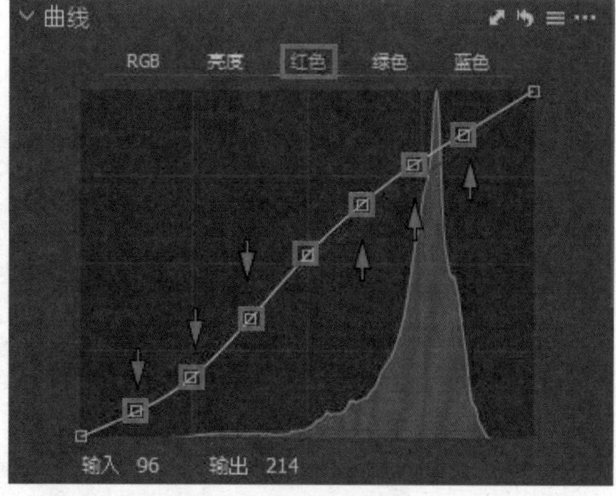

◎ 图 B1-96

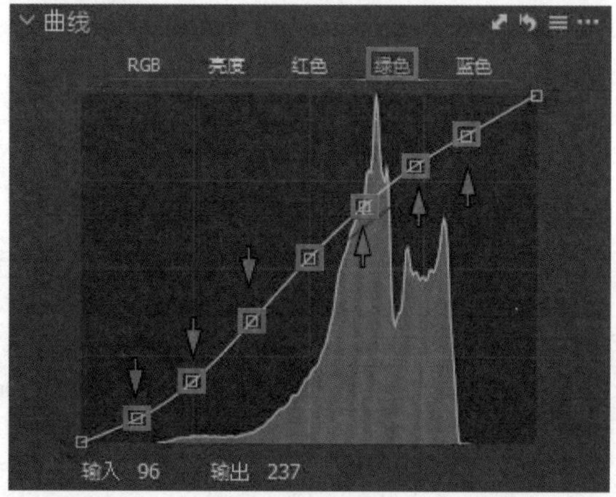

◎ 图 B1-97

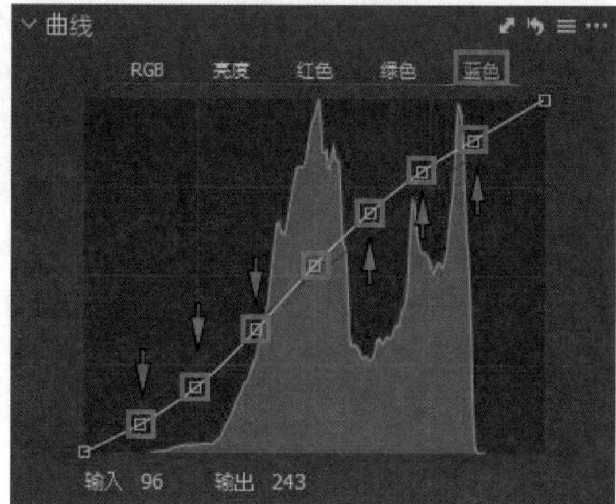

◎ 图 B1-98

调整“色彩平衡”。为“阴影”和“中间调”加少量橙色，如图 B1-99 所示。

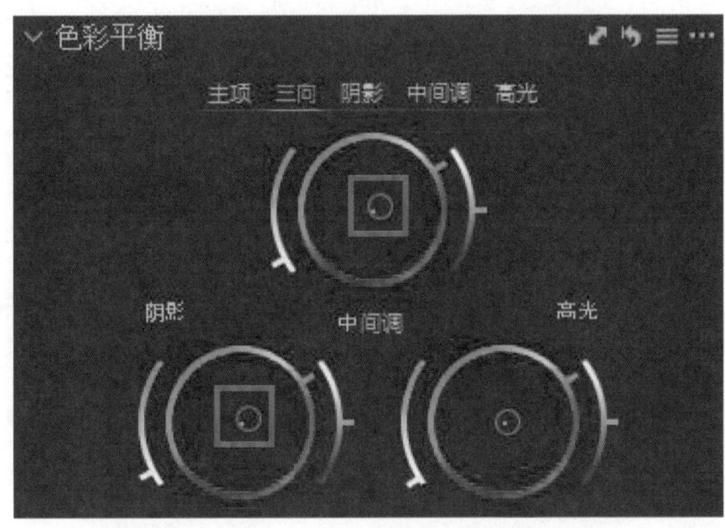

◎ 图 B1-99

调色完成，观察调整前后的对比效果，如图 B1-100 所示。

◎ 图 B1-100

B1.8　波西米亚明亮电影灰色调

本课学习波西米亚明亮电影灰色调的调色方法。将图 B1-101 所示的图像导入 Capture One 软件。

◎ 图 B1-101

调整“白平衡”。设置“色温”值为 5522，“色调”值为 3.6，如图 B1-102 所示。

◎ 图 B1-102

调整“曝光”。降低“曝光”和“对比度”，提高“饱和度”，如图 B1-103 所示。

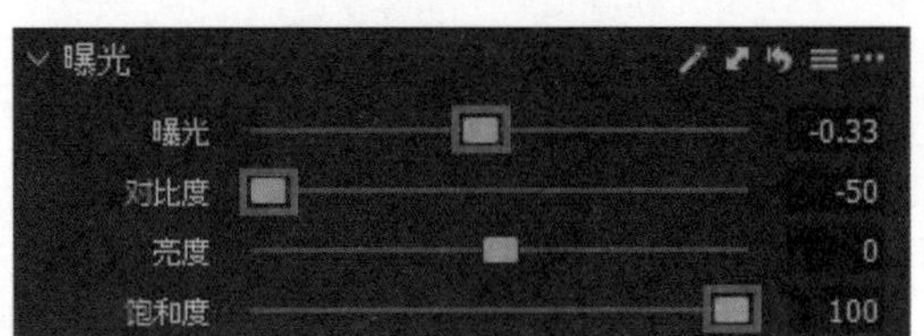

◎ 图 B1-103

调整“高动态范围”。降低“高光”，提高“阴影”，将“白色”值降到−100，还原更多暗部细节，如图 B1-104 所示。

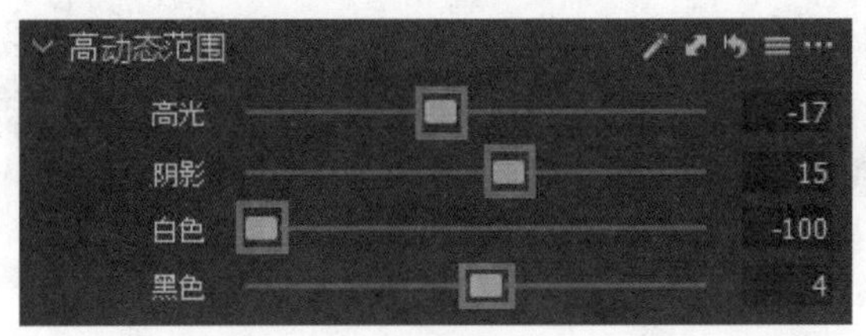

◎ 图 B1-104

调整“降噪”，去除多余的杂色，如图 B1-105 所示。

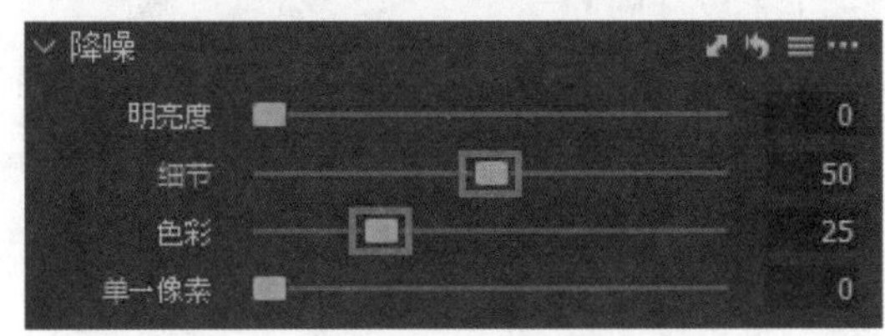

◎ 图 B1-105

调整“清晰度”。将“清晰度”值降到−97，设置“结构”值为 10，柔化图像，如图 B1-106 所示。

◎ 图 B1-106

调整“锐化”，增强图像的层次感和质感，如图 B1-107 所示。

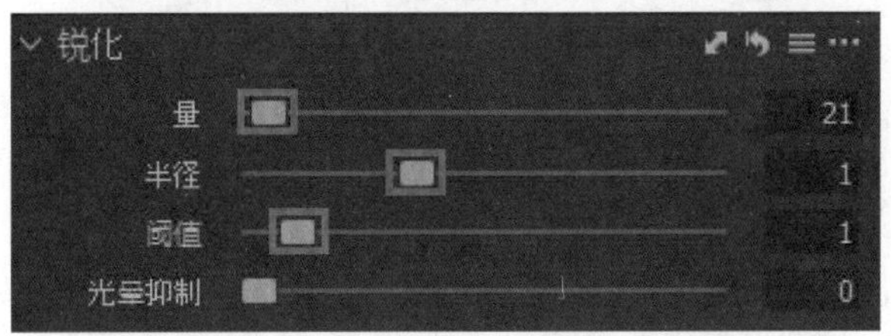

◎ 图 B1-107

调整“色阶”，压暗高亮区域，让细节更丰富，如图 B1-108 所示。

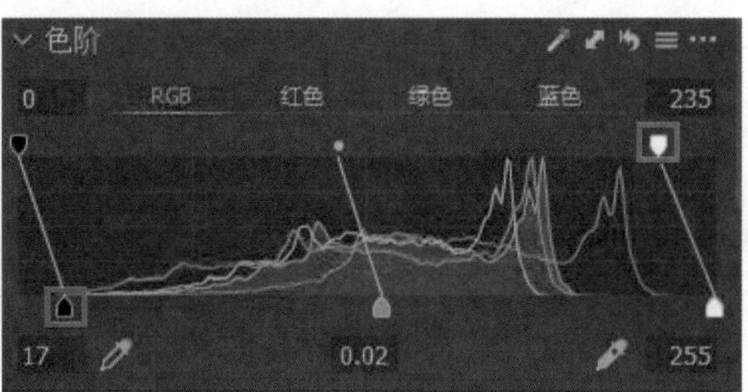

◎ 图 B1-108

调整“曲线”。调整 RGB 通道，压低高亮区域，丰富细节，如图 B1-109 所示。

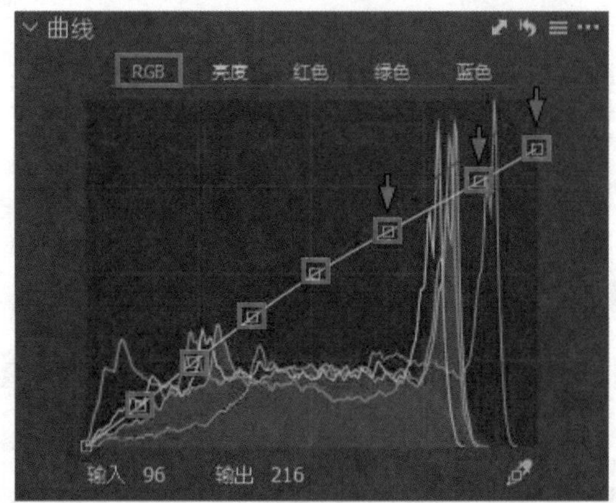

◎ 图 B1-109

继续调整“曲线”。切换到“亮度”通道，增强图像的对比度，如图 B1-110 所示。

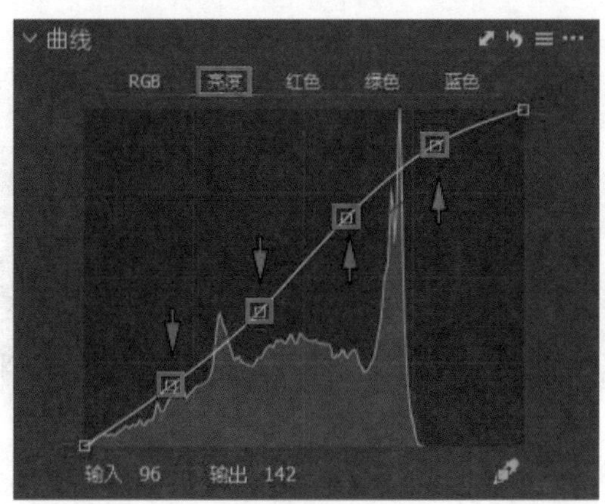

◎ 图 B1-110

切换到“红色”通道，为暗部加红色，为高光加青色，如图 B1-111 所示。

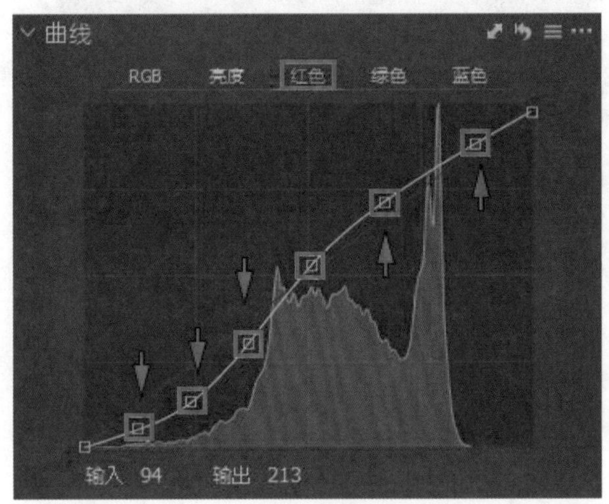

◎ 图 B1-111

切换到“绿色”通道，为暗部加洋红色，为高光加绿色，如图 B1-112 所示。

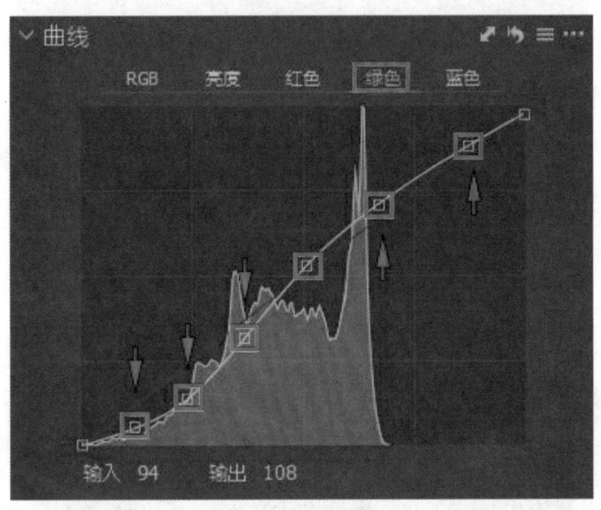

◎ 图 B1-112

切换到“蓝色”通道，为暗部加红色，为高光加蓝色，如图 B1-113 所示。

调整“色彩平衡”。为“阴影”加青色，为“中间调”加青色，为“高光”加青蓝色，如图 B1-114 所示。

调整“色彩编辑器”，提高复合通道的“色相”和“饱和度”，设置“色相”值为 3.8，“饱和度”值为 2.8，如图 B1-115 所示。

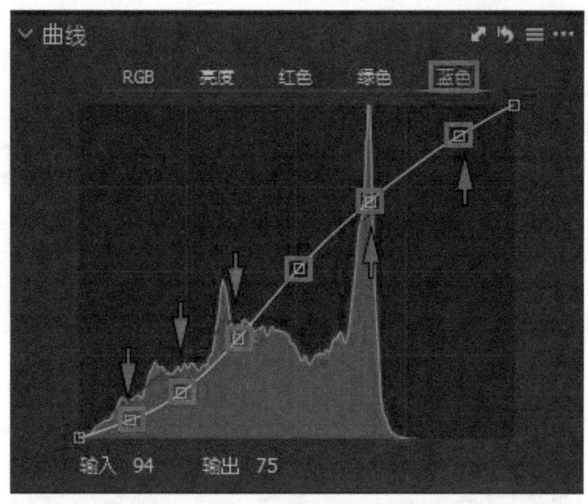

◎ 图 B1-113

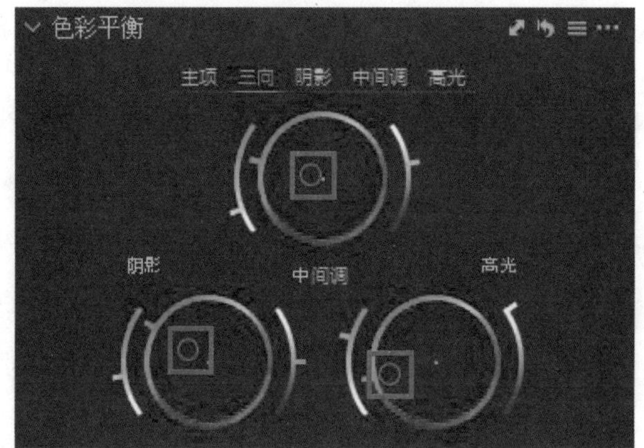

◎ 图 B1-114

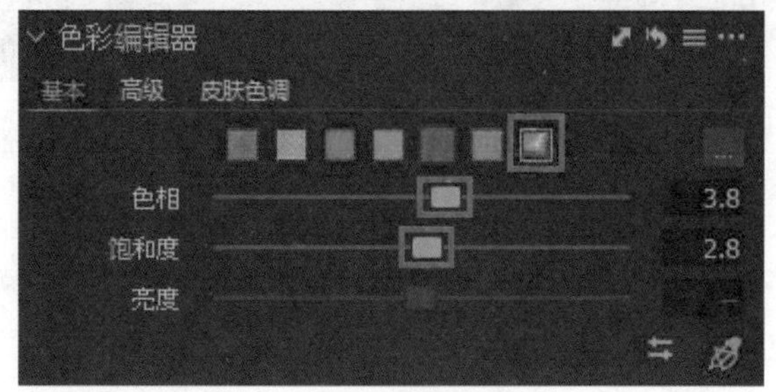

◎ 图 B1-115

调整“胶片颗粒”，为图像增加颗粒度，如图 B1-116 所示。

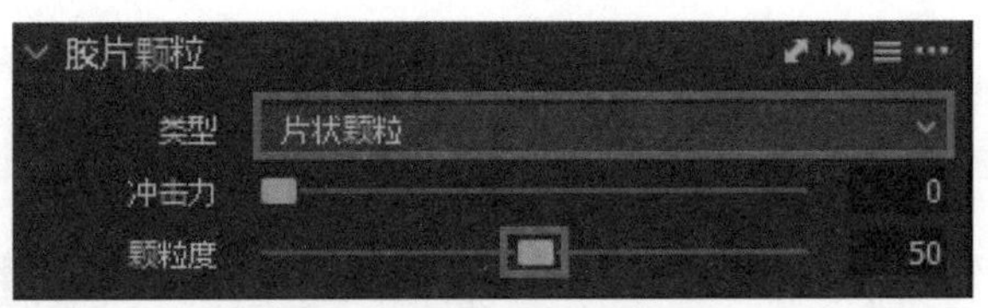

◎ 图 B1-116

调色完成，观察调整前后的对比效果，如图 B1-117 所示。

◎ 图 B1-117

B2 课 Capture One 调色实战

B2.1 城市电影色调

本课学习城市电影色调的调色方法。将图 B2-1 所示的图像导入 Capture One 软件。

◎ 图 B2-1

调整“白平衡”。设置“色温”值为 5000，如图 B2-2 所示。

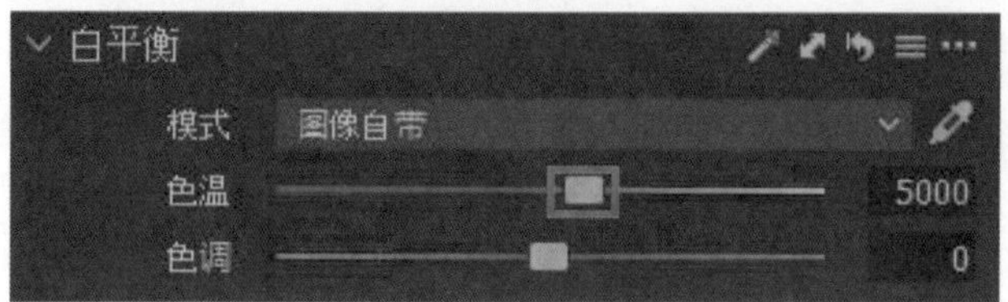

◎ 图 B2-2

调整“曝光”。提高“对比度”，降低“饱和度”，如图 B2-3 所示。

◎ 图 B2-3

调整“高动态范围”。降低“高光”，提高“阴影”，还原图像的更多细节，如图 B2-4 所示。

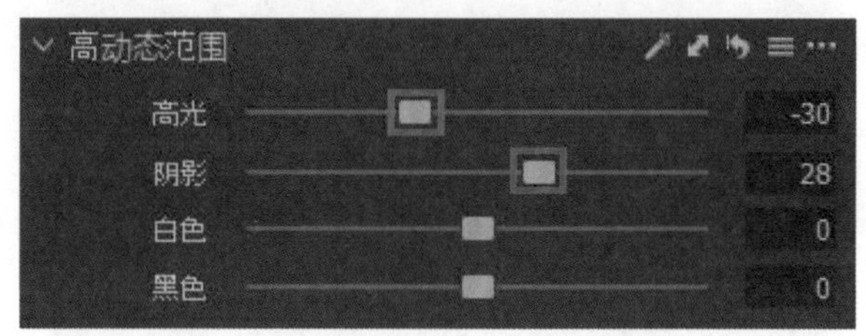

◎ 图 B2-4

调整“降噪”，去除图像的杂色，让图像更干净，如图 B2-5 所示。

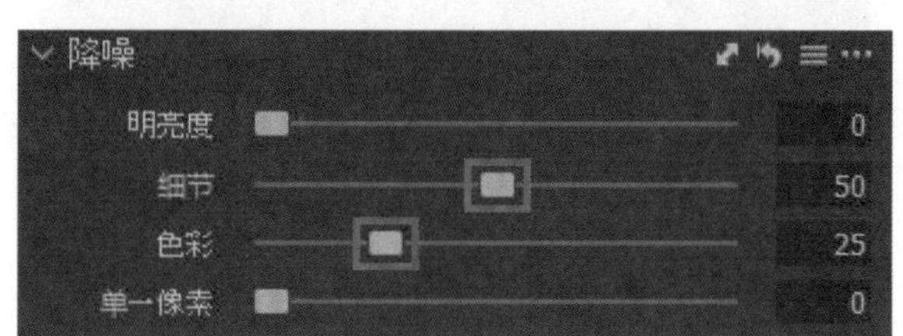

◎ 图 B2-5

调整“锐化”，增强图像的层次感和质感，如图 B2-6 所示。

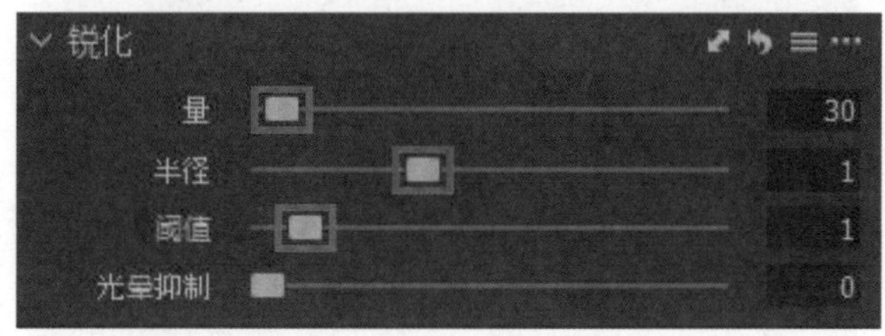

◎ 图 B2-6

调整“色阶”，降低图像的整体高光，如图 B2-7 所示。

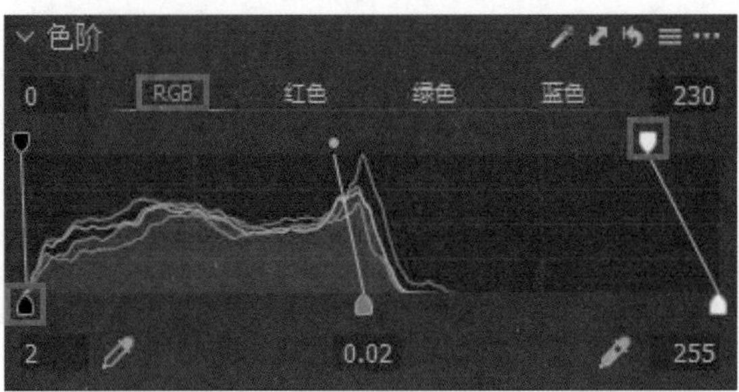

◎ 图 B2-7

调整“曲线”，调整 RGB 通道，调整图像的对比度，如图 B2-8 所示。

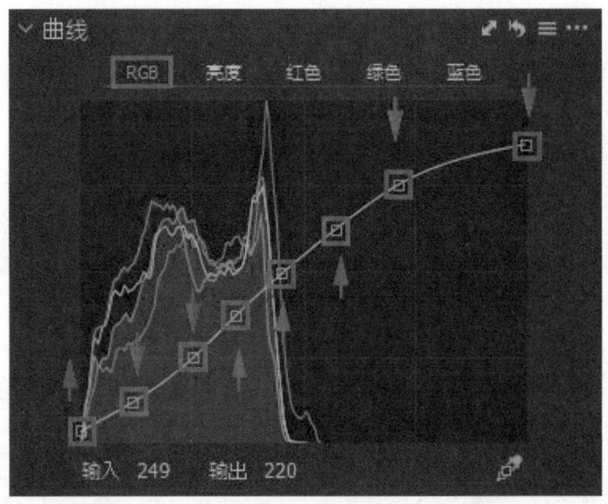

◎ 图 B2-8

继续调整“曲线”。切换到“亮度”通道，强化图像的对比度，如图 B2-9 所示。

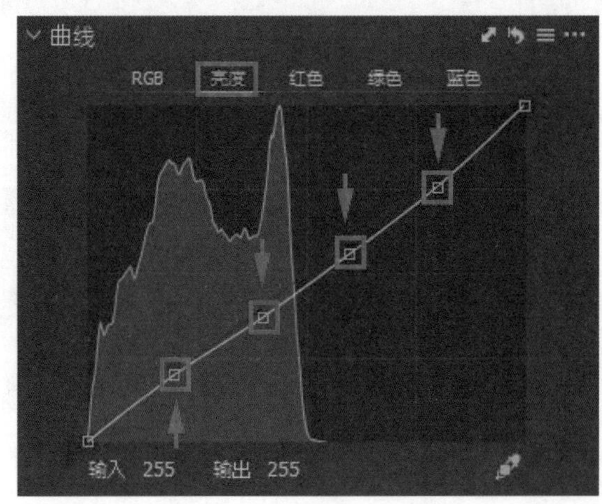

◎ 图 B2-9

调整“色彩平衡”。为“阴影”加蓝色，为“中间调”加蓝色，如图 B2-10 所示。

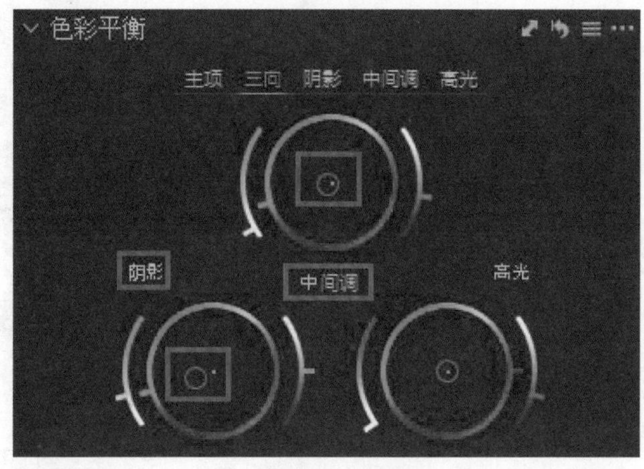

◎ 图 B2-10

调整“色彩编辑器”。提高复合通道的“饱和度”，如图 B2-11 所示。

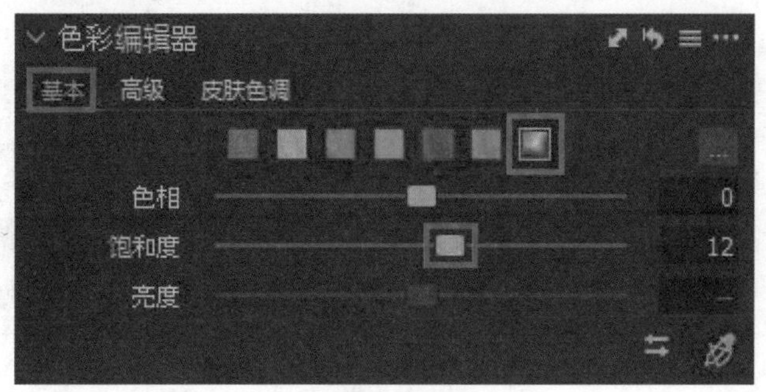

◎ 图 B2-11

调整“胶片颗粒”，为图像添加胶片效果，如图 B2-12 所示。

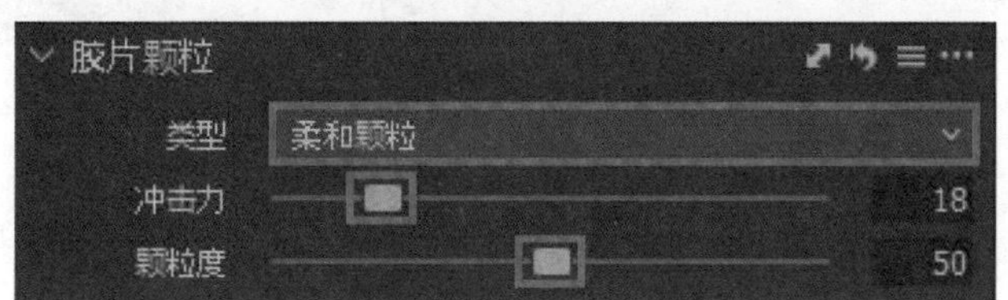

◎ 图 B2-12

调色完成，观察调整前后的对比效果，如图 B2-13 所示。

◎ 图 B2-13

B2.2　冬季旅拍风光色调

本课学习冬季旅拍风光色调的调色方法。将图 B2-14 所示的图像导入 Capture One 软件。

◎ 图 B2-14

调整“白平衡”。设置“色温”值为 2760，“色调”为偏蓝色，如图 B2-15 所示。

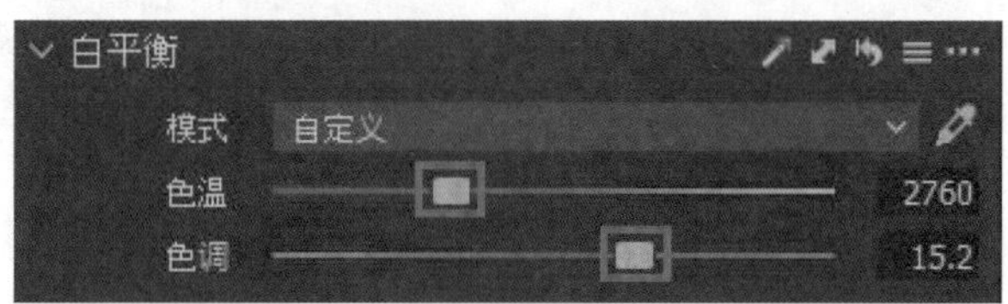

◎ 图 B2-15

调整“曝光”。提高“曝光”，降低“饱和度”，如图 B2-16 所示。

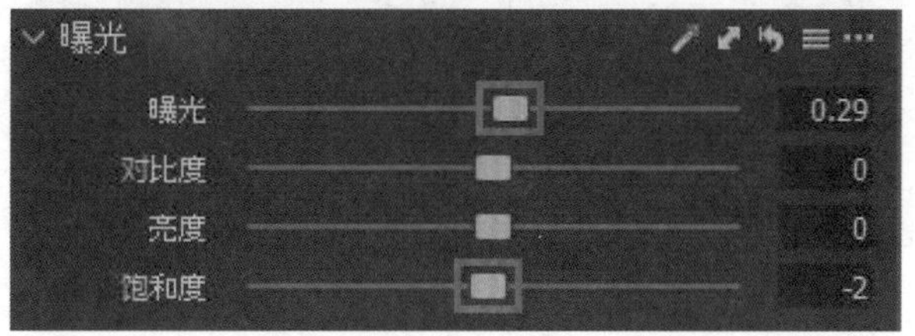

◎ 图 B2-16

调整“高动态范围”。提高“阴影”，还原更多的暗部细节，如图 B2-17 所示。

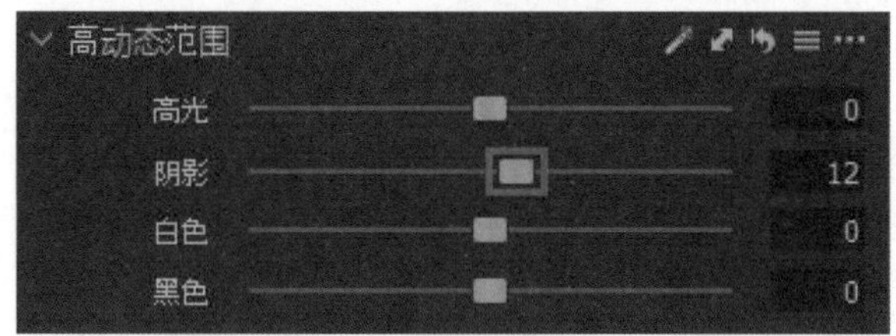

◎ 图 B2-17

调整“降噪”，去除图像的杂色，如图 B2-18 所示。

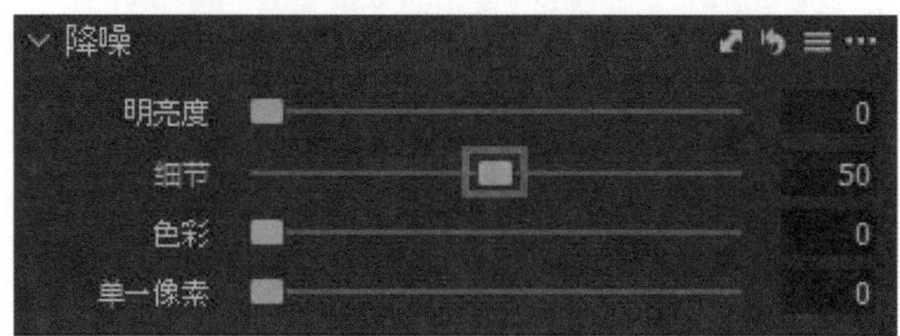

◎ 图 B2-18

调整“清晰度”，让图像更清楚，如图 B2-19 所示。

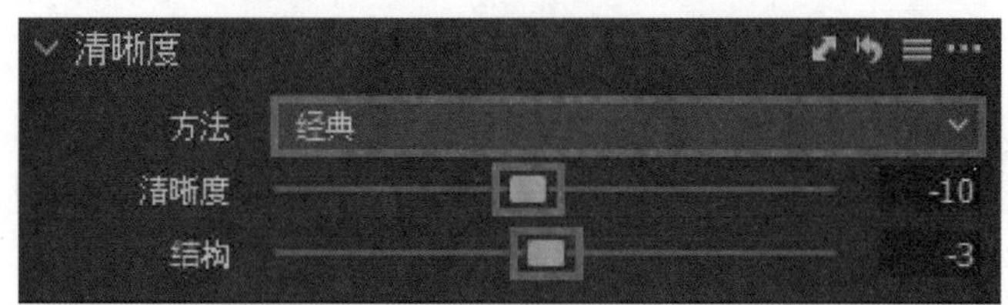

◎ 图 B2-19

调整“锐化”，增强图像的层次感和质感，如图 B2-20 所示。

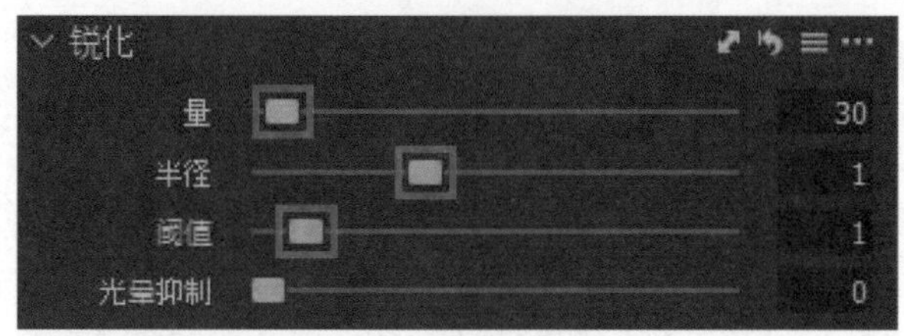

◎ 图 B2-20

调整“色阶”，压低暗部，控制图像整体的色调，如图 B2-21 所示。

调整“曲线”。调整 RGB 通道，调整图像的对比度，如图 B2-22 所示。

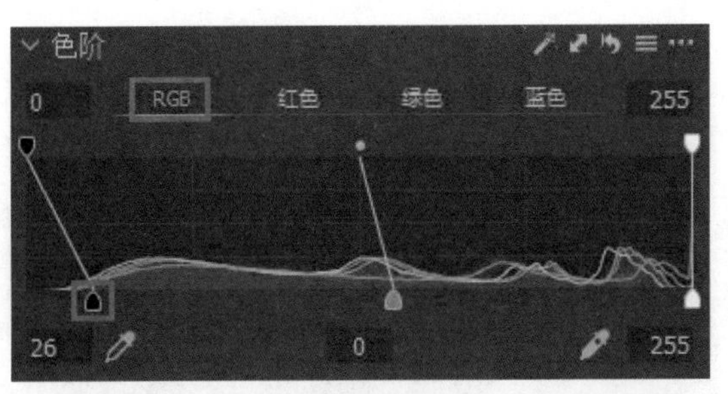

◎ 图 B2-21

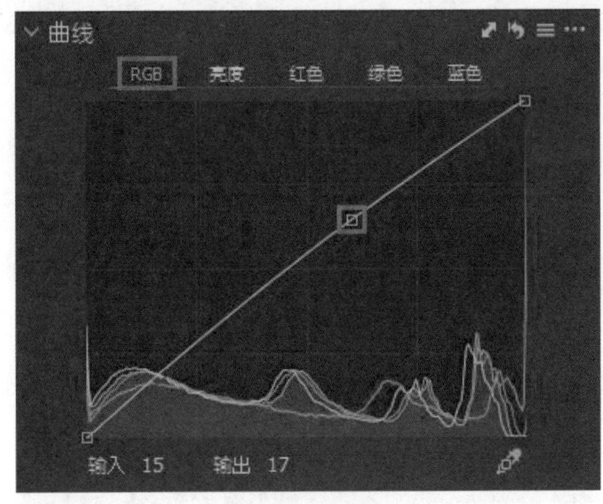

◎ 图 B2-22

继续调整“曲线”。切换到“亮度”通道，增强图像的对比度，如图 B2-23 所示。

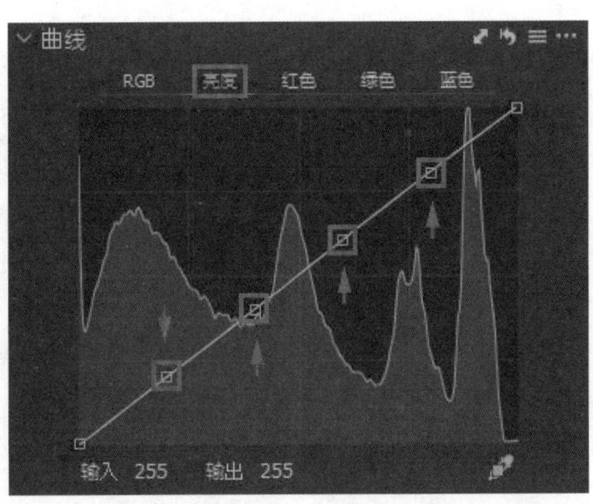

◎ 图 B2-23

调整“色彩平衡”。为“阴影”加青色，为“中间调”加青色，如图 B2-24 所示。

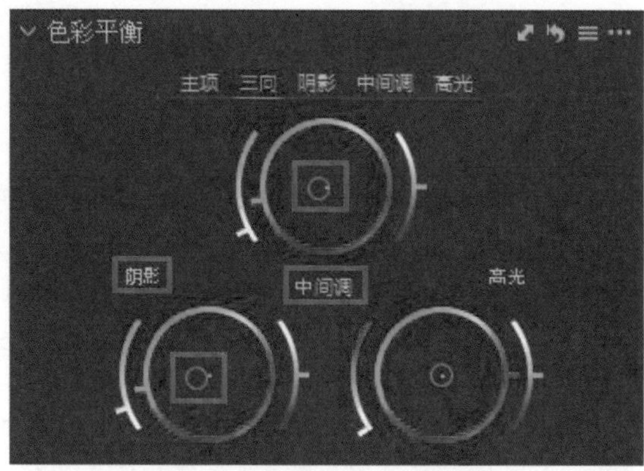

◎ 图 B2-24

调整“色彩编辑器”。降低复合通道的“饱和度”，如图 B2-25 所示。

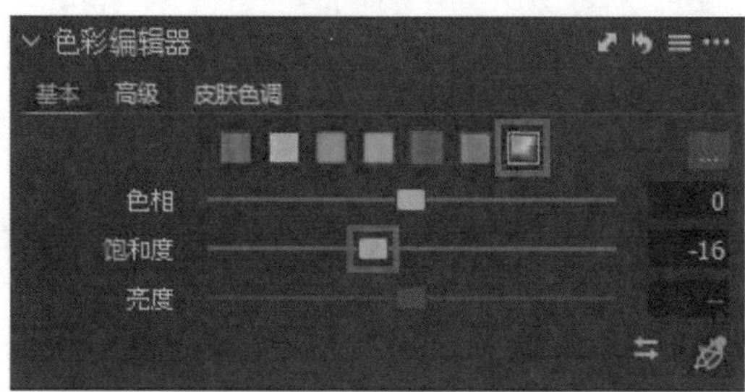

◎ 图 B2-25

调色完成，观察调整前后的对比效果，如图 B2-26 所示。

◎ 图 B2-26

B2.3 冬季人像暖色调

本课学习冬季人像暖色调的调色方法。将图 B2-27 所示的图像导入 Capture One 软件。

◎ 图 B2-27

调整“白平衡”。设置“色温”值为 5600，“色调”值为 2，如图 B2-28 所示。

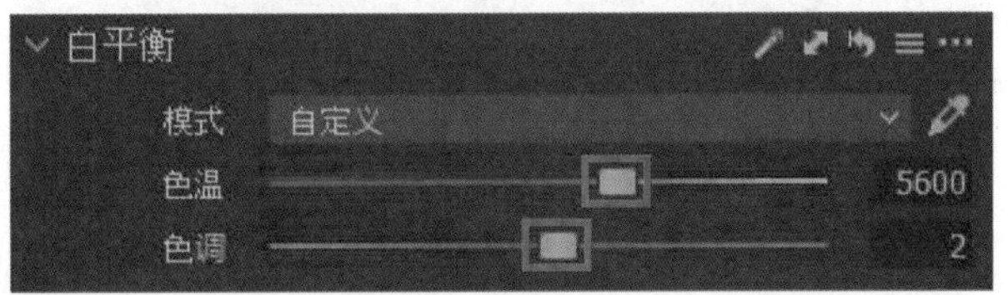

◎ 图 B2-28

调整“曝光”。降低“曝光”，提高“对比度”，降低“饱和度”，如图 B2-29 所示。

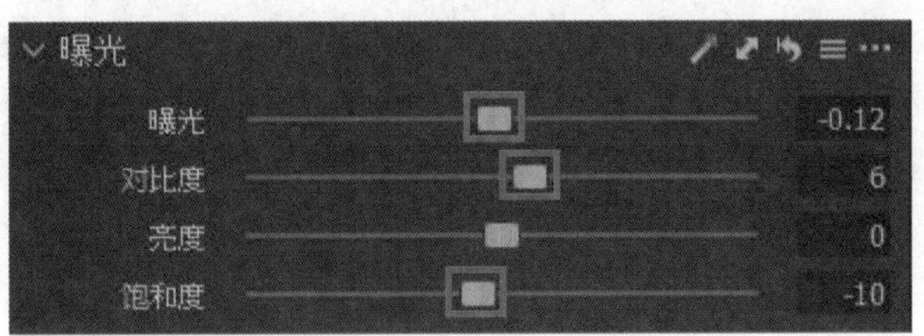

◎ 图 B2-29

调整“高动态范围”。降低“高光”，提高“阴影”，如图 B2-30 所示。

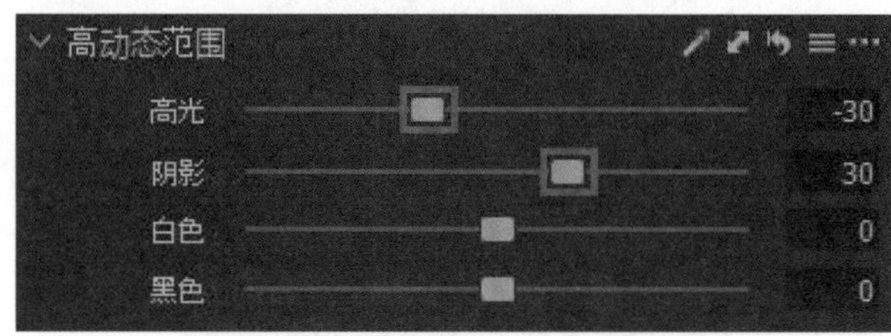

◎ 图 B2-30

调整“降噪”，去除图像的杂色，如图 B2-31 所示。

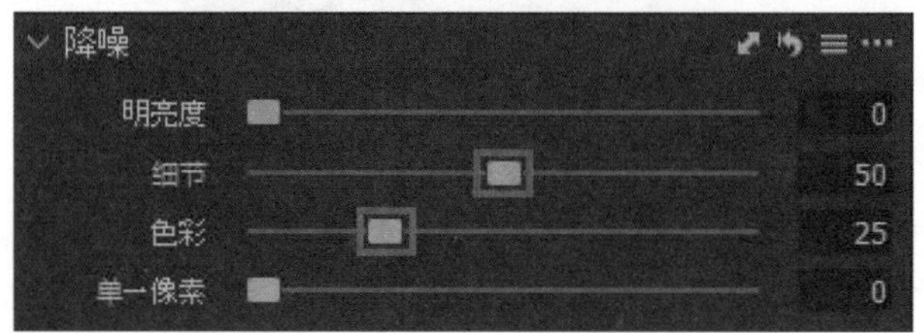

◎ 图 B2-31

调整“锐化”，增强图像的层次感和质感，如图 B2-32 所示。

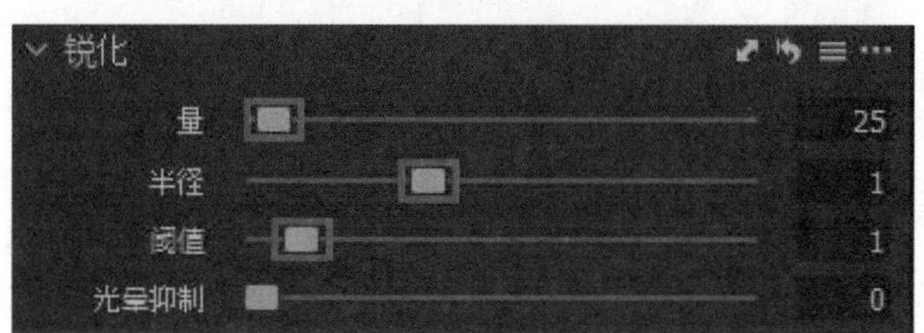

◎ 图 B2-32

调整“色阶”。压低“高光”，如图 B2-33 所示。

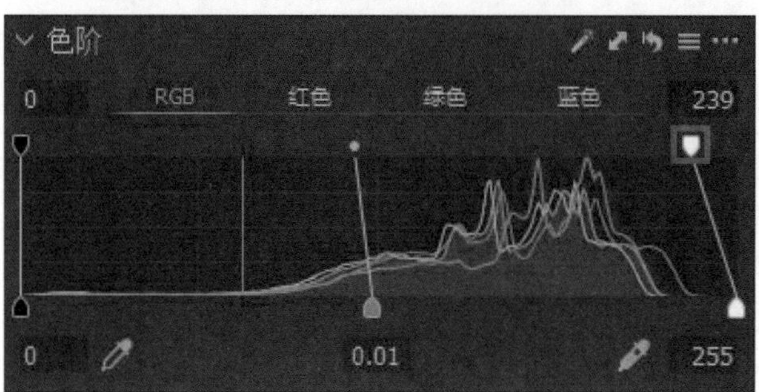

◎ 图 B2-33

调整“曲线”。调整 RGB 通道，调整图像的对比度，如图 B2-34 所示。

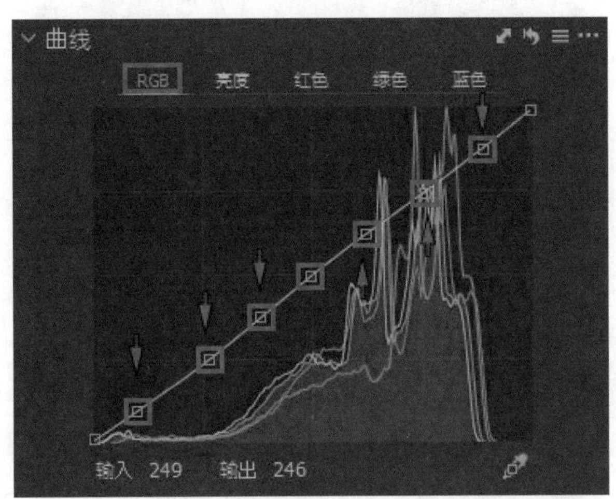

◎ 图 B2-34

继续调整“曲线”。切换到“亮度”通道，强化图像的对比度，如图 B2-35 所示。

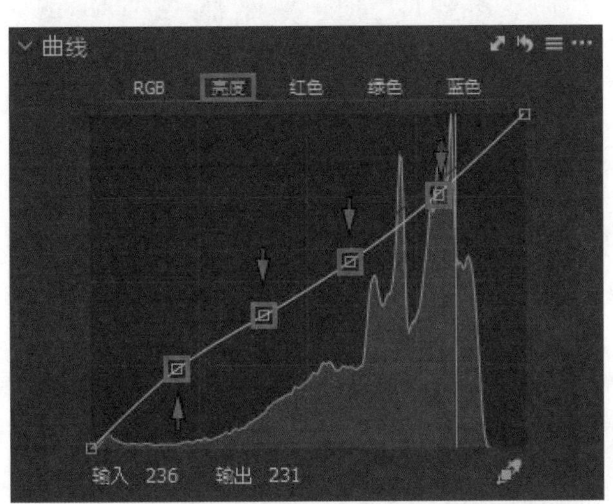

◎ 图 B2-35

切换到“红色”通道，为高光加红色，为暗部加青色，如图 B2-36 所示。
切换到“绿色”通道，为高光加绿色，为暗部加洋红色，如图 B2-37 所示。
切换到“蓝色”通道，为高光加蓝色，为暗部加黄色，如图 B2-38 所示。

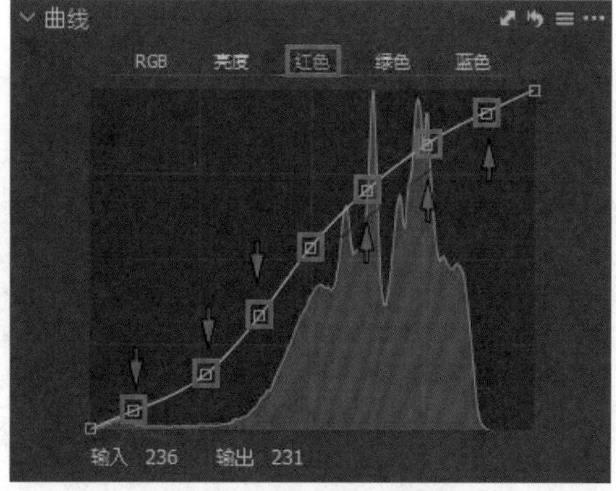

◎ 图 B2-36

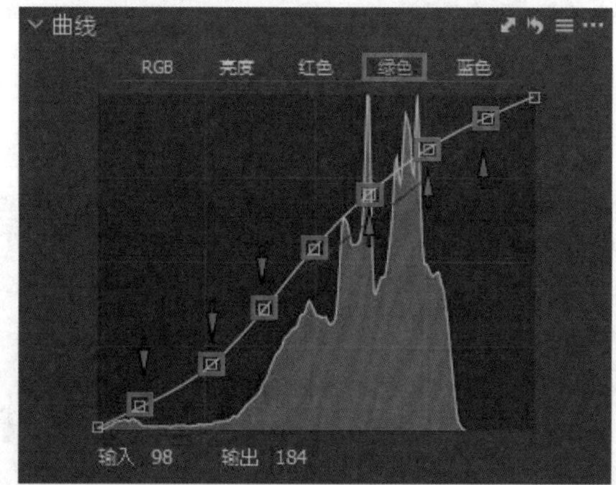

◎ 图 B2-37

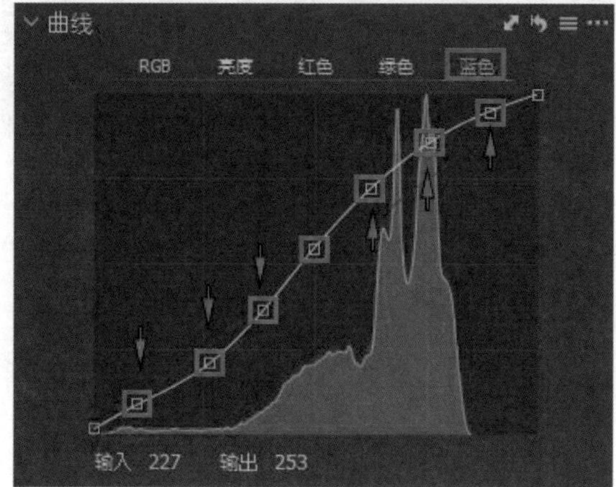

◎ 图 B2-38

调色完成，观察调整前后的对比效果，如图 B2-39 所示。

◎ 图 B2-39

B2.4 高级灰色调

本课学习高级灰色调的调色方法。将图 B2-40 所示的图像导入 Capture One 软件。

◎ 图 B2-40

调整“白平衡”。设置“色温”值为5315，“色调”值为3.3，如图B2-41所示。

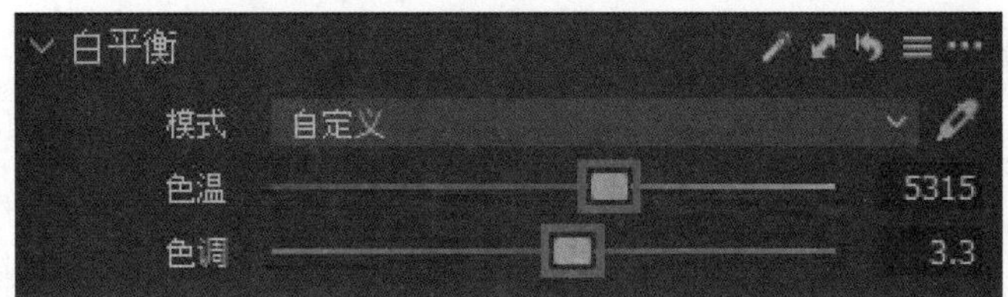

◎ 图 B2-41

调整“曝光”。降低“对比度”和“饱和度”，柔化图像，增加灰度，如图B2-42所示。

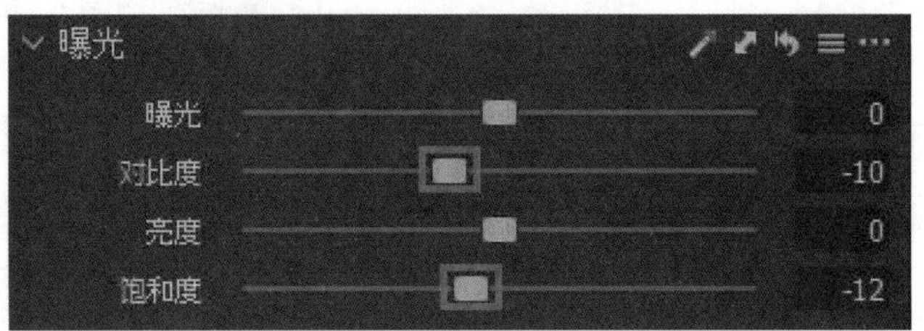

◎ 图 B2-42

调整“高动态范围”。降低“高光”，提高“阴影”，控制整个图像的明暗对比，如图B2-43所示。

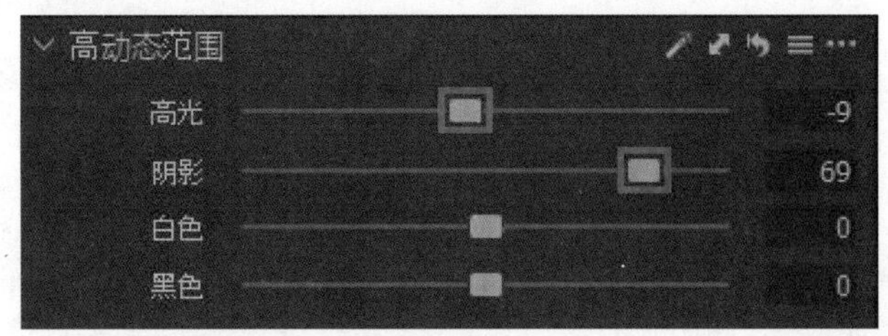

◎ 图 B2-43

调整“降噪”，去除图像的杂色，如图B2-44所示。

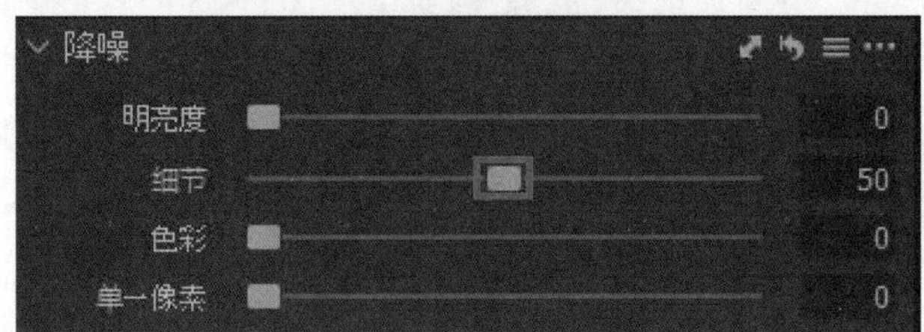

◎ 图 B2-44

调整“清晰度”，增强图像的层次感和质感，如图 B2-45 所示。

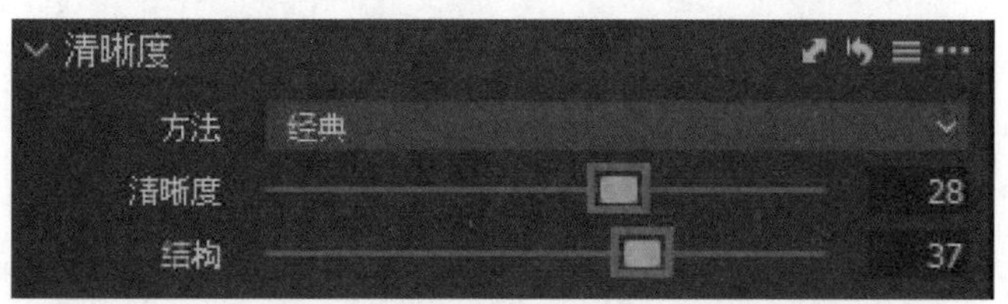

◎ 图 B2-45

调整“色阶”。提高亮部区域，降低暗部区域，强化明暗对比，如图 B2-46 所示。

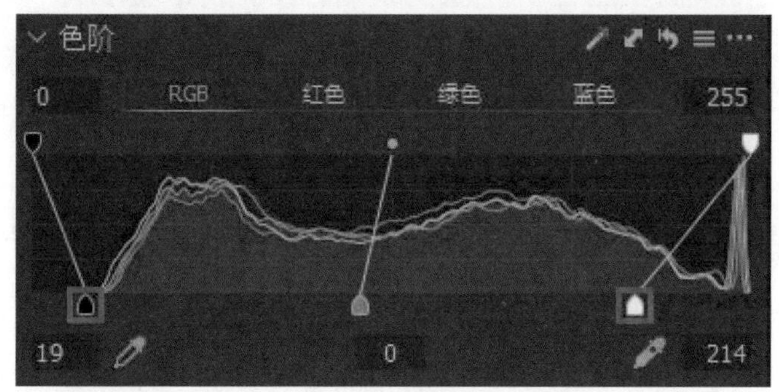

◎ 图 B2-46

调整“曲线”。调整“亮度”通道，稍微增强图像的对比度，如图 B2-47 所示。

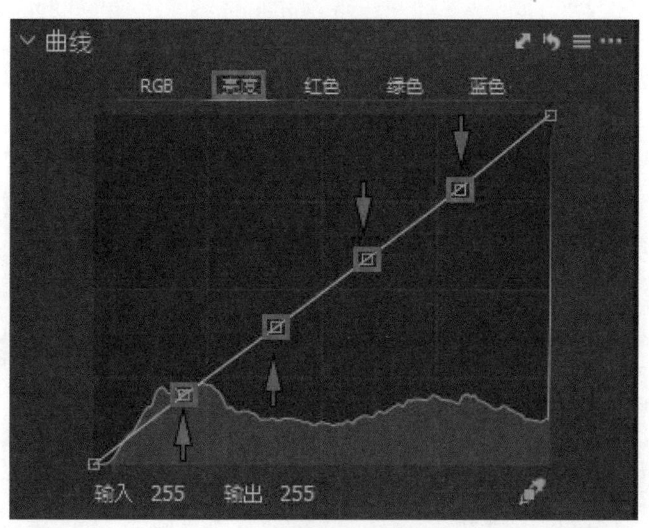

◎ 图 B2-47

调整“色彩平衡”。为“阴影”加蓝色，如图 B2-48 所示。

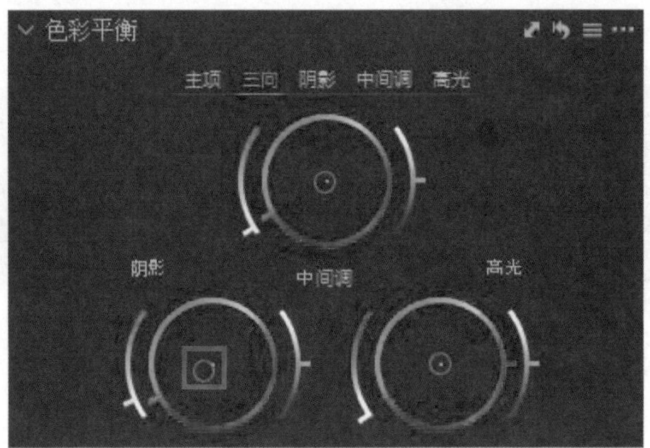

◎ 图 B2-48

调整“色彩编辑器”。降低复合通道的“饱和度”，如图 B2-49 所示。

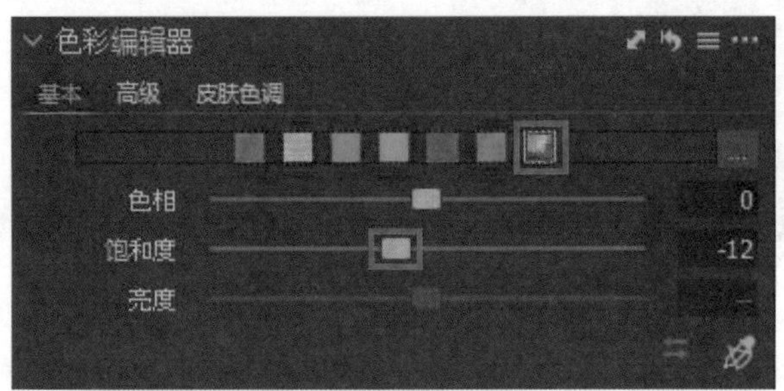

◎ 图 B2-49

调色完成，观察调整前后的对比效果，如图 B2-50 所示。

◎ 图 B2-50

◎ 图 B2-50（续）

B2.5 黑暗巧克力胶片色调

本课学习黑暗巧克力胶片色调的调色方法。将图 B2-51 所示的图像导入 Capture One 软件。

◎ 图 B2-51

调整“白平衡”。设置“色温”值为 5850，如图 B2-52 所示。

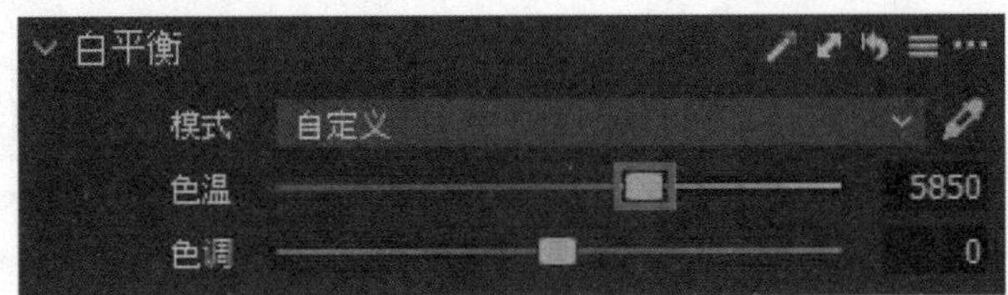

◎ 图 B2-52

调整“曝光”。提高“对比度”和“饱和度”，如图 B2-53 所示。

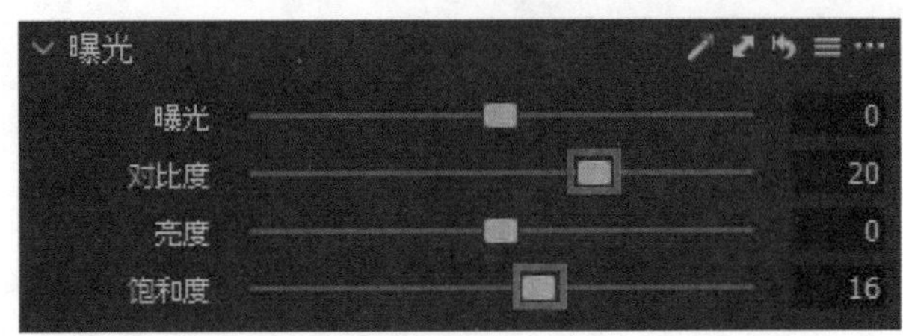

◎ 图 B2-53

调整“高动态范围”。降低“高光”，如图 B2-54 所示。

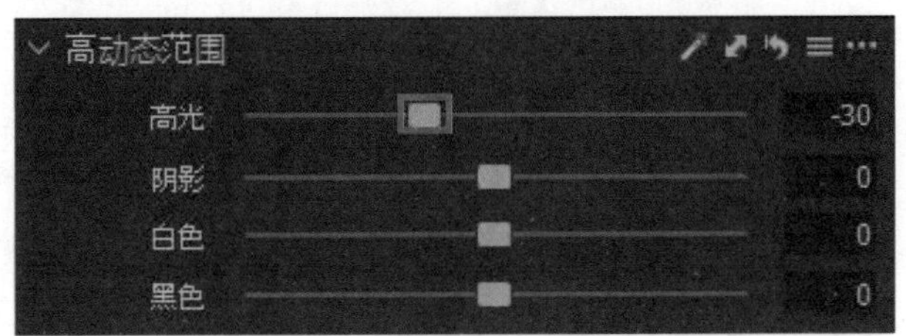

◎ 图 B2-54

调整“降噪”，去除图像的杂色，如图 B2-55 所示。

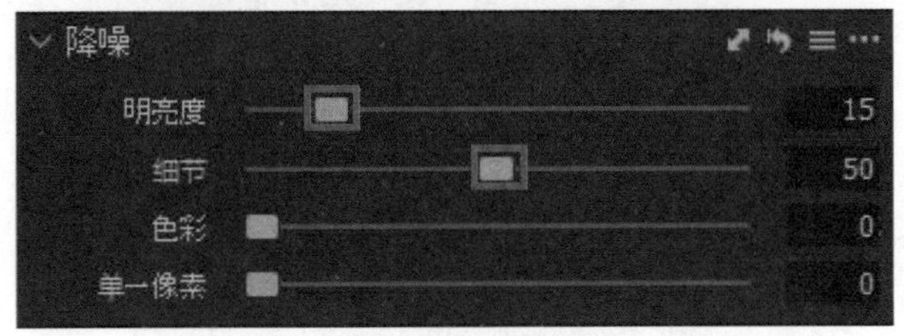

◎ 图 B2-55

调整“清晰度”，增强图像的层次感和质感，如图 B2-56 所示。

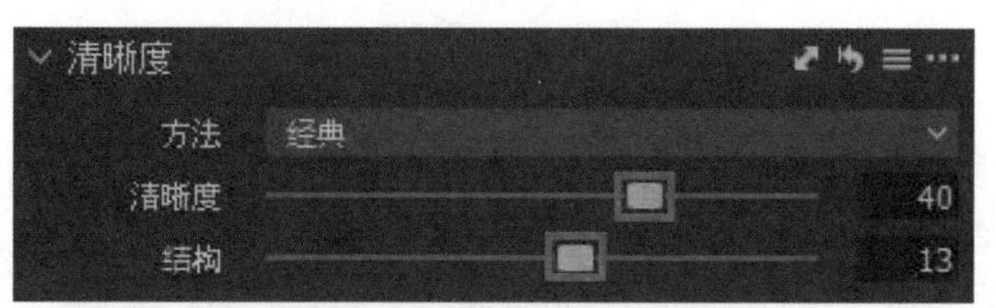

◎ 图 B2-56

调整“色阶”，压低高光和暗部，增强图像的对比度，如图 B2-57 所示。

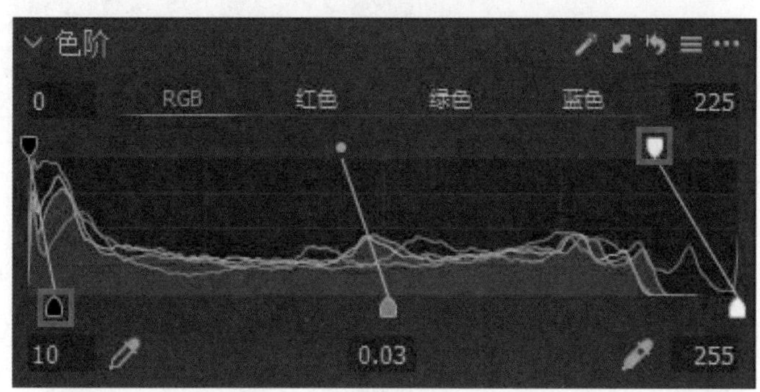

◎ 图 B2-57

调整“曲线”。选择 RGB 通道，调整图像的整体对比度，如图 B2-58 所示。

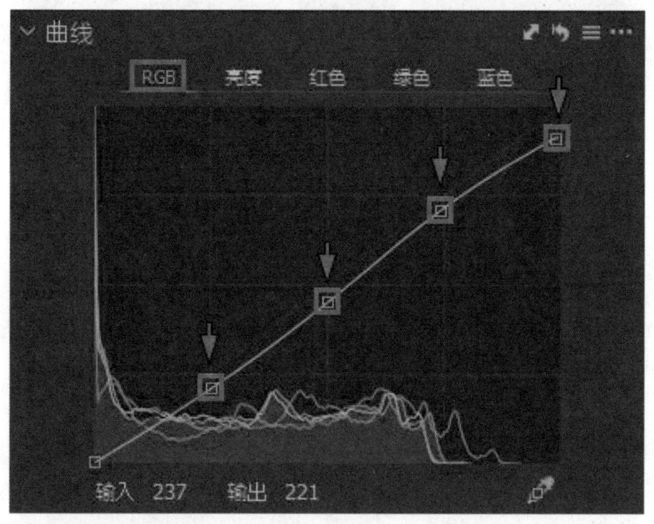

◎ 图 B2-58

继续调整“曲线”。切换到“亮度”通道，进一步增强图像的对比度，如图 B2-59 所示。

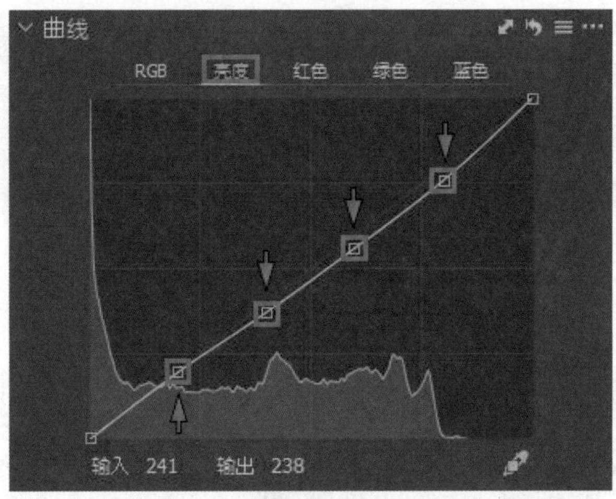

◎ 图 B2-59

调整“色彩平衡”。为“阴影”“高光”“中间调”都加橙色，如图 B2-60 所示。

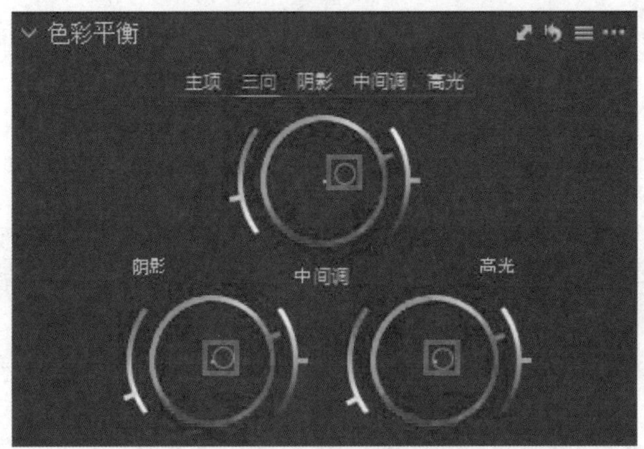

◎ 图 B2-60

调整“色彩编辑器”。降低复合通道的“饱和度”，如图 B2-61 所示。

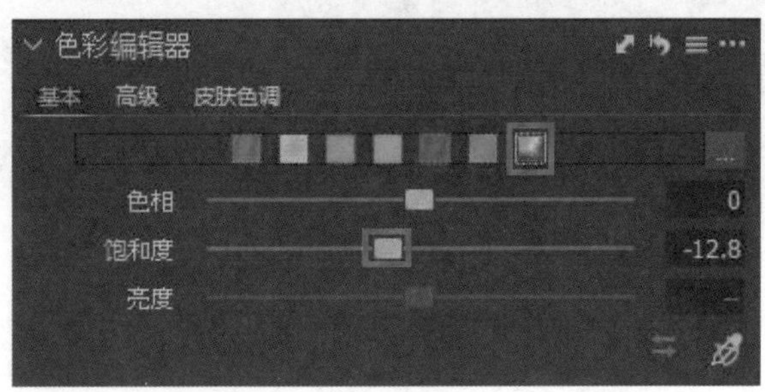

◎ 图 B2-61

调整“胶片颗粒”，为图像添加胶片效果，如图 B2-62 所示。

◎ 图 B2-62

调色完成，观察调整前后的对比效果，如图 B2-63 所示。

◎ 图 B2-63

B2.6 街拍暗蓝色调

本课学习街拍暗蓝色调的调色方法。将图 B2-64 所示的图像导入 Capture One 软件。

调整“白平衡”。设置“色温”值为 6549，“色调”值为 5，如图 B2-65 所示。

◎ 图 B2-64

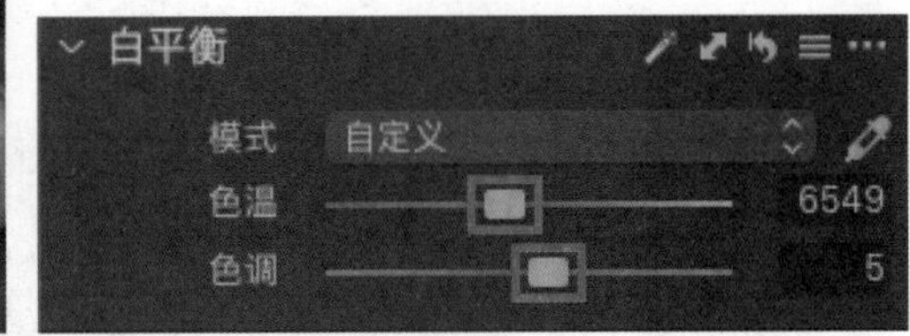

◎ 图 B2-65

调整“曝光”。提高“对比度”，降低“饱和度”，如图 B2-66 所示。

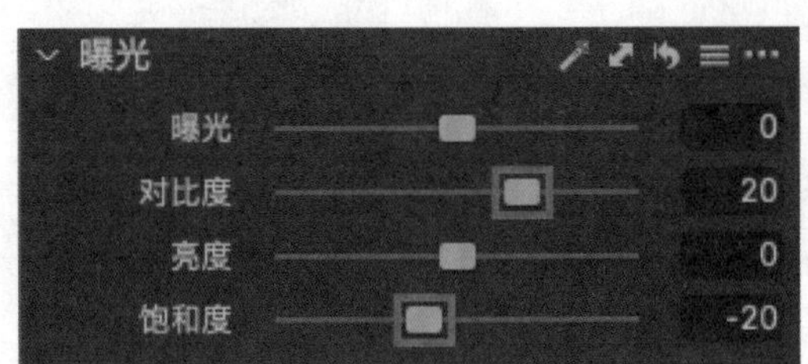

◎ 图 B2-66

调整“高动态范围”。降低“高光”，提高“阴影”，强化亮部和暗部的细节，如图 B2-67 所示。

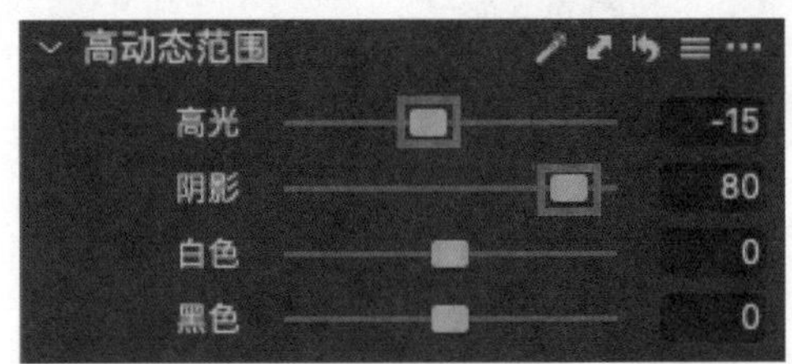

◎ 图 B2-67

调整“降噪”，去除图像的杂色，如图 B2-68 所示。

调整“色阶”，提高亮部，增强图像的对比度，如图 B2-69 所示。

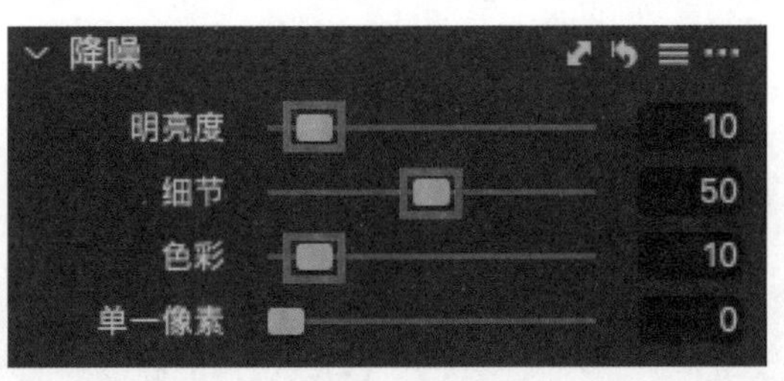

◎ 图 B2-68

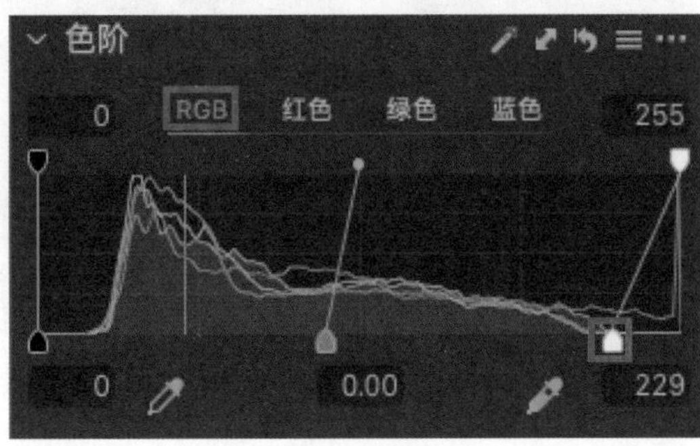

◎ 图 B2-69

调整“曲线”。调整 RGB 通道，增强图像的对比度，如图 B2-70 所示。

继续调整“曲线”。切换到“亮度”通道，进一步调整对比度，如图 B2-71 所示。

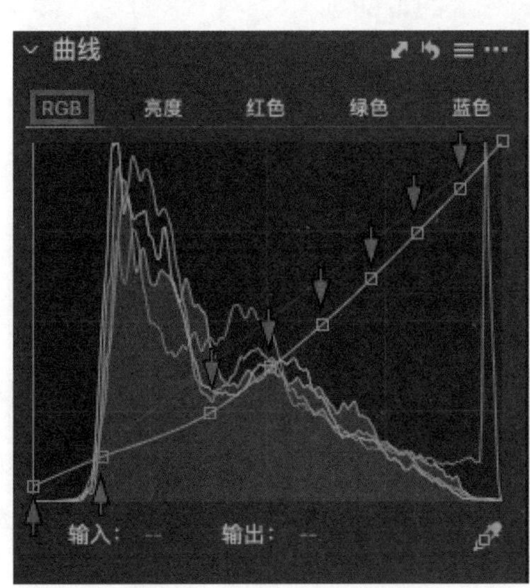

◎ 图 B2-70

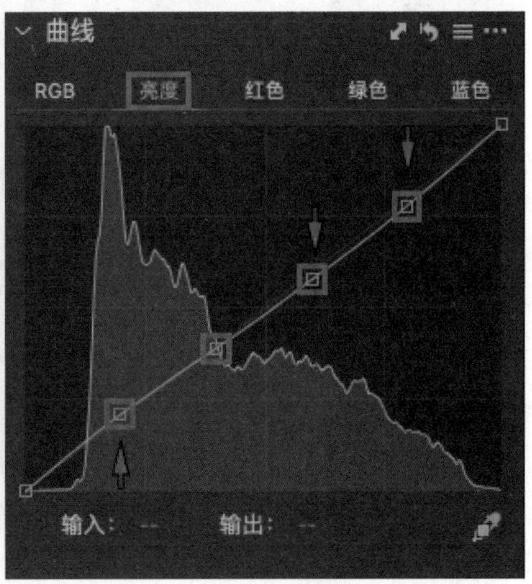

◎ 图 B2-71

切换到“红色”通道，为高光加青色，为暗部加少许红色，如图 B2-72 所示。

切换到“绿色”通道，为高光加洋红色，如图 B2-73 所示。

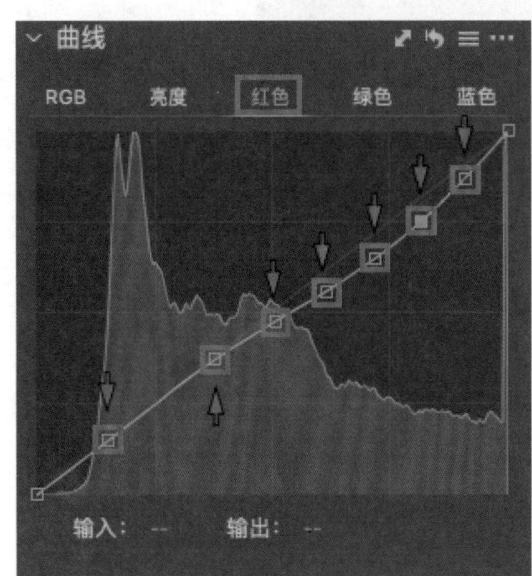

◎ 图 B2-72

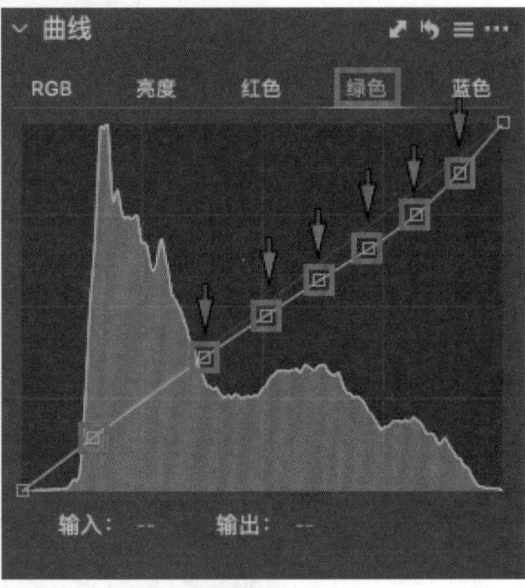

◎ 图 B2-73

切换到“蓝色”通道，为高光加黄色，为暗部加少许蓝色，如图 B2-74 所示。

调整“色彩平衡”。为“高光”加少许青蓝色，为“阴影”和“中间调”多加一些青蓝色，如图 B2-75 所示。

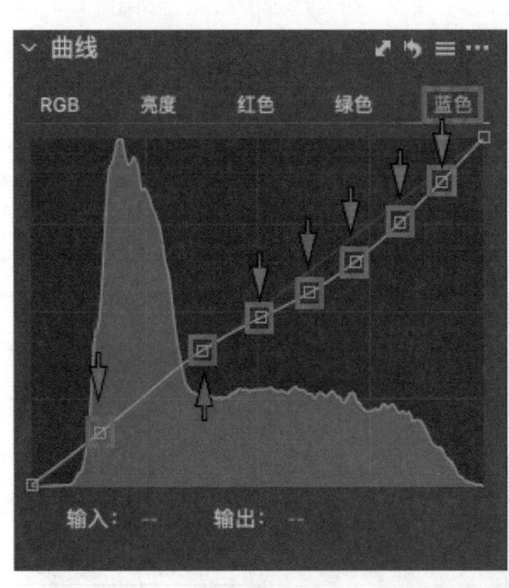

◎ 图 B2-74

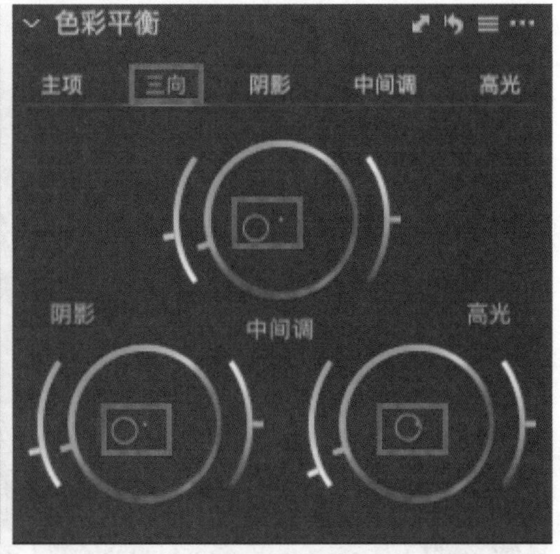

◎ 图 B2-75

调整“胶片颗粒”，为图像添加胶片效果，如图 B2-76 所示。

◎ 图 B2-76

调整“渐晕”，为图像添加暗角效果，如图 B2-77 所示。

◎ 图 B2-77

调色完成，观察调整前后的对比效果，如图 B2-78 所示。

◎ 图 B2-78

高手篇

Capture One 大师调色技法

C1 课 咖啡暖色调

本课学习咖啡暖色调的调色方法。将图 C1-1 所示的图像导入 Capture One 软件。

◎ 图 C1-1

调整“白平衡”。设置“色温”值为 6083，“色调”值为 3.5，如图 C1-2 所示。

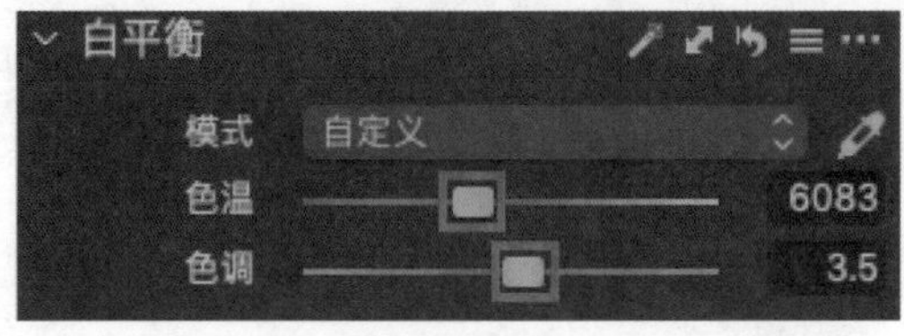

◎ 图 C1-2

调整“曝光”。降低“曝光”和“对比度”，柔化图像，提高“饱和度”，如图 C1-3 所示。

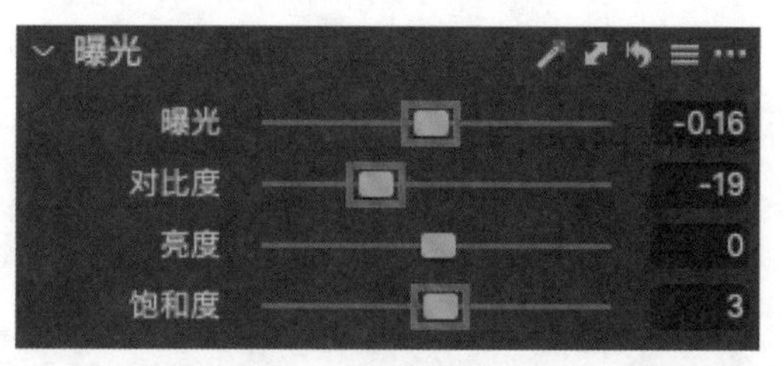

◎ 图 C1-3

调整“高动态范围”。降低“高光”，提高“阴影”，还原图像的更多细节，如图 C1-4 所示。

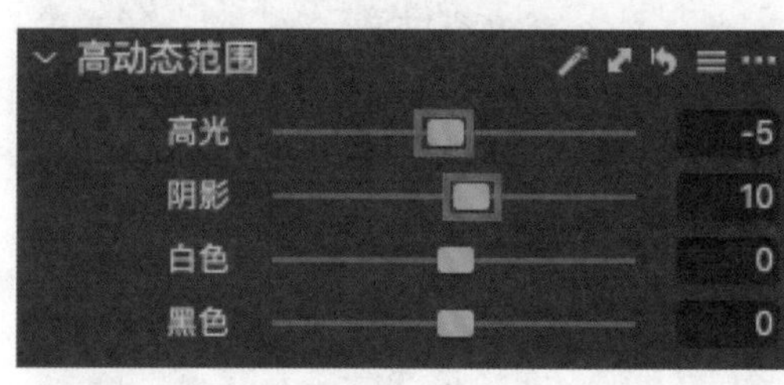

◎ 图 C1-4

调整“降噪”，去除图像的杂色，如图 C1-5 所示。

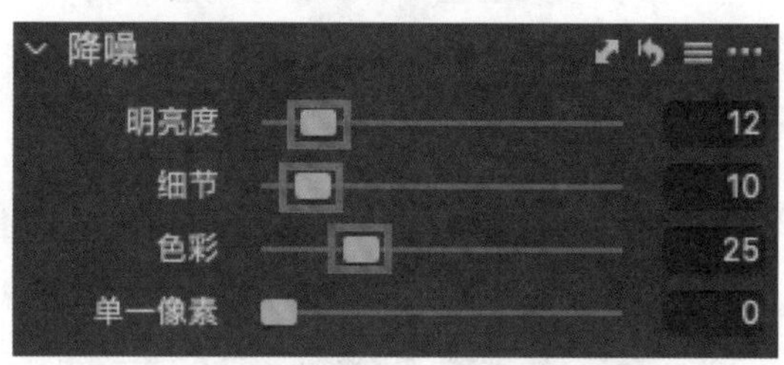

◎ 图 C1-5

调整“清晰度”，增强图像的质感和层次感，如图 C1-6 所示。

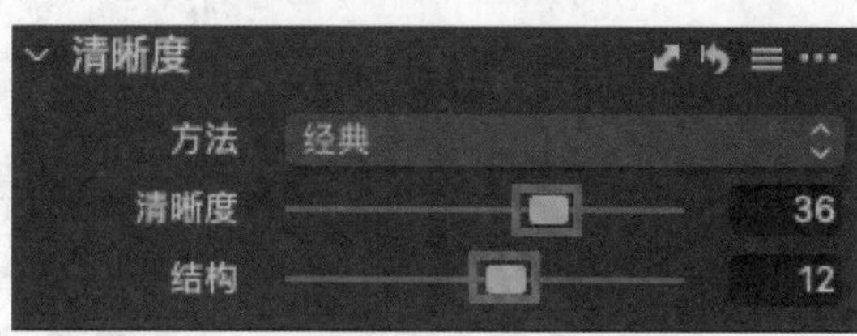

◎ 图 C1-6

调整“锐化”，增强图像的锐度，如图 C1-7 所示。

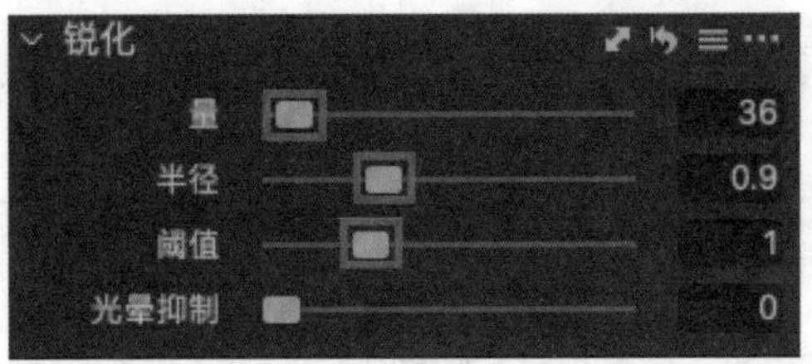

◎ 图 C1-7

调整“色阶”，压低高光，如图 C1-8 所示。

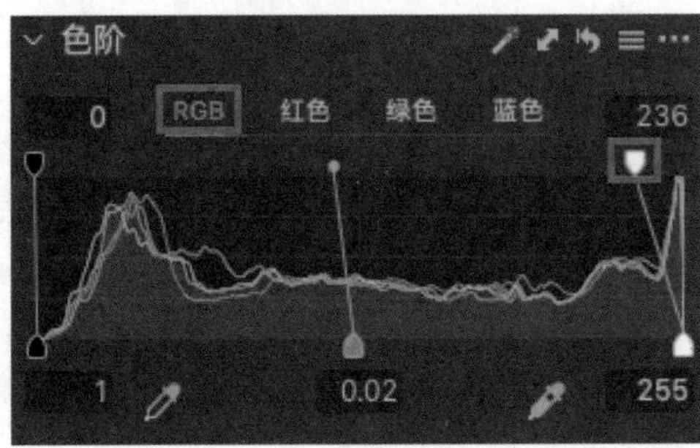

◎ 图 C1-8

调整“曲线”。切换到“亮度”通道，增强图像的整体对比度，如图 C1-9 所示。

调整“色彩平衡”。为“阴影”加红色，为“中间调”加黄色，为“高光”加黄色，如图 C1-10 所示。

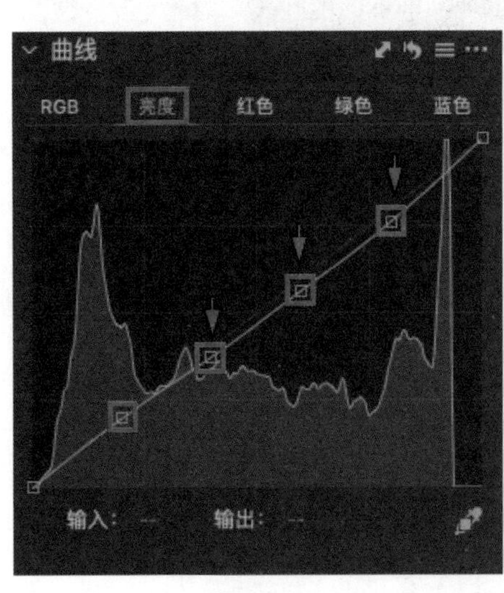

◎ 图 C1-9

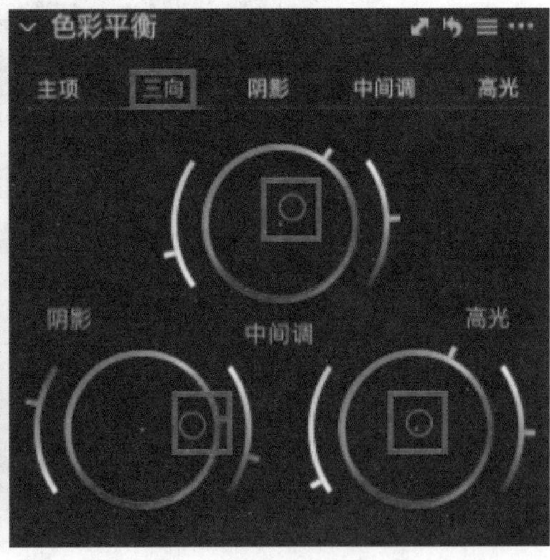

◎ 图 C1-10

调整“胶片颗粒”，为图像添加胶片效果，如图 C1-11 所示。

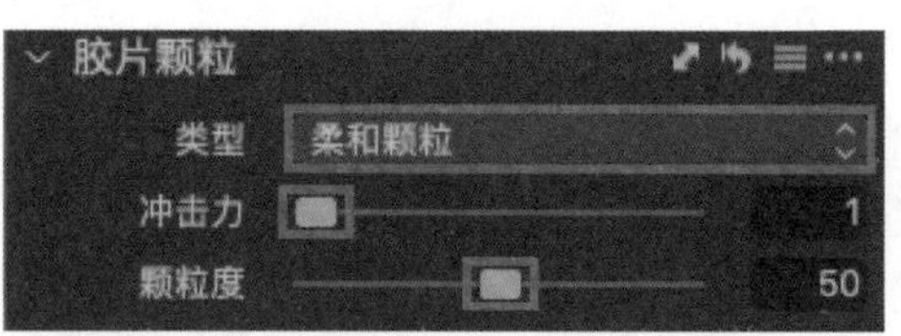

◎ 图 C1-11

调色完成，观察调整前后的对比效果，如图 C1-12 所示。

◎ 图 C1-12

C2 课

卡其色调

本课学习卡其色调的调色方法。将图 C2-1 所示的图像导入 Capture One 软件。

◎ 图 C2-1

调整“白平衡”。设置“色温”值为 5000，如图 C2-2 所示。

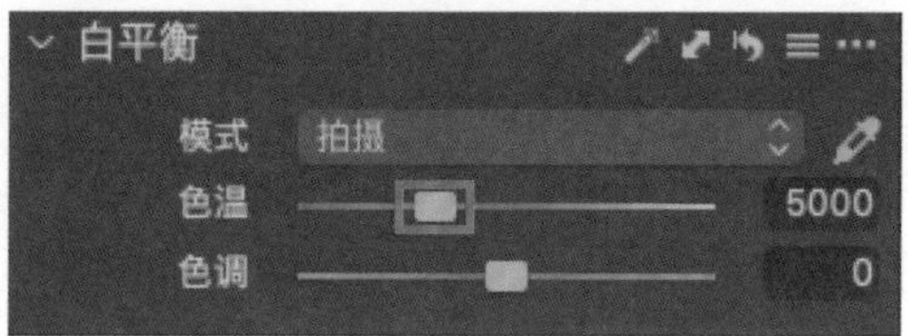

◎ 图 C2-2

调整“曝光”。提高“对比度”，降低“饱和度”，如图 C2-3 所示。

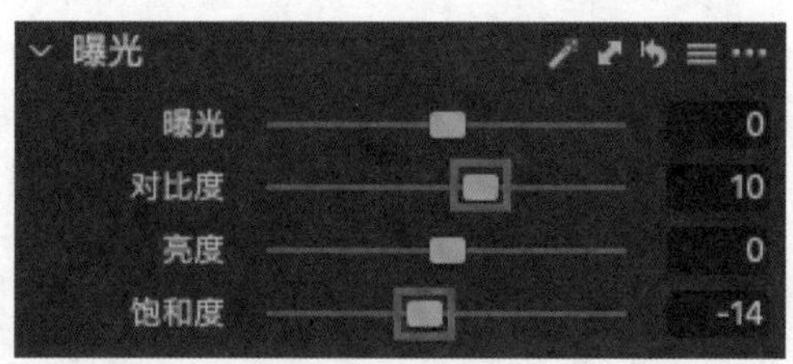

◎ 图 C2-3

调整“高动态范围”。降低“高光”，提高“阴影”，还原图像的更多细节，如图 C2-4 所示。

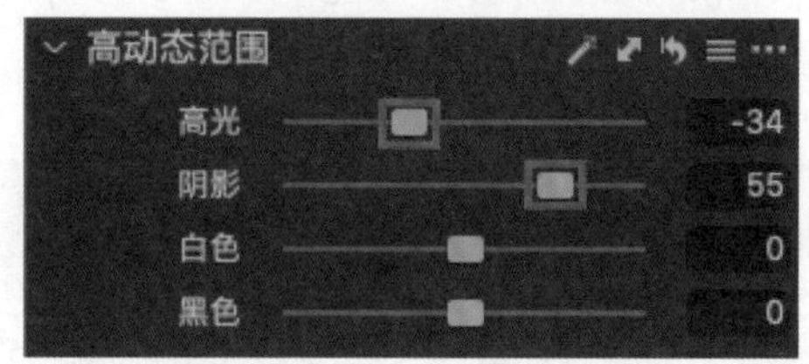

◎ 图 C2-4

调整“降噪”，去除图像的杂色，如图 C2-5 所示。

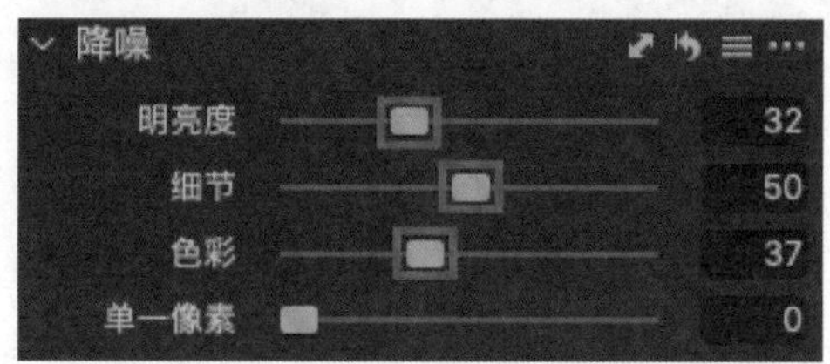

◎ 图 C2-5

调整“锐化”，增强图像的锐度，如图 C2-6 所示。

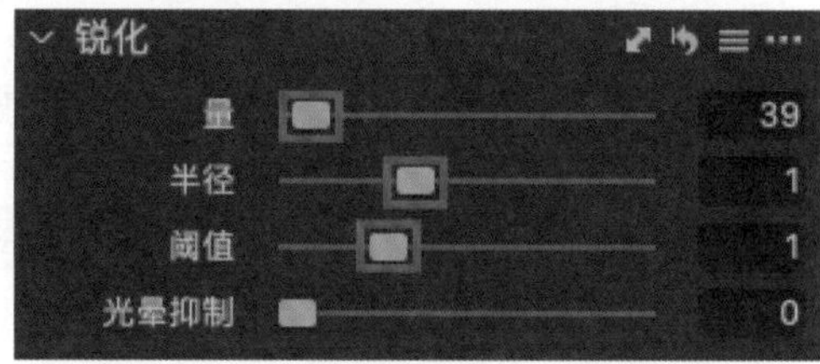

◎ 图 C2-6

调整“色阶”，压低图像整体的高光，如图 C2-7 所示。

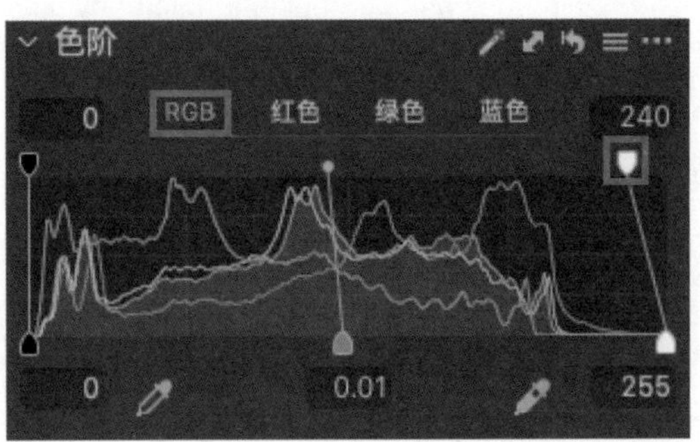

◎ 图 C2-7

调整“曲线”。调整 RGB 通道，增强图像的对比度，如图 C2-8 所示。

继续调整“曲线”。切换到“亮度”通道，进一步增强图像的对比度，如图 C2-9 所示。

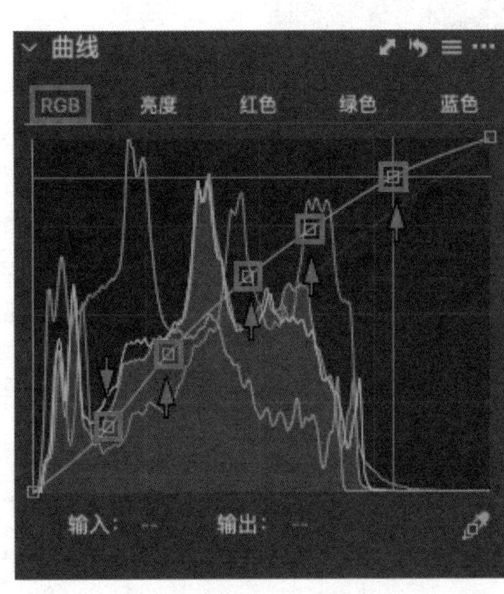

◎ 图 C2-8

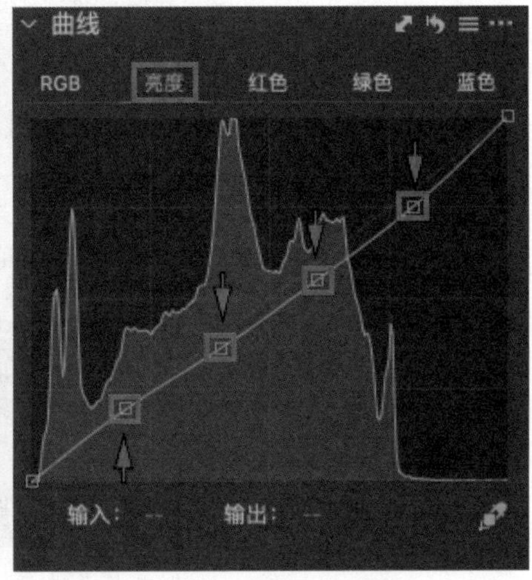

◎ 图 C2-9

切换到“红色”通道，为高光到中间调加一点青色，为暗部加一点红色，如图 C2-10 所示。

切换到“绿色”通道，为高光加一点洋红色，为中间调加一点绿色，暗部加一点洋红色，如图 C2-11 所示。

切换到“蓝色”通道，为高光和中间调加一点黄色，为暗部加一点蓝色，如图 C2-12 所示。

调整“色彩平衡”。为“阴影”加洋红色，为“中间调”加黄色，为“高光”加黄色，如图 C2-13 所示。

调整“色彩编辑器”。增加复合通道的“饱和度”，如图 C2-14 所示。

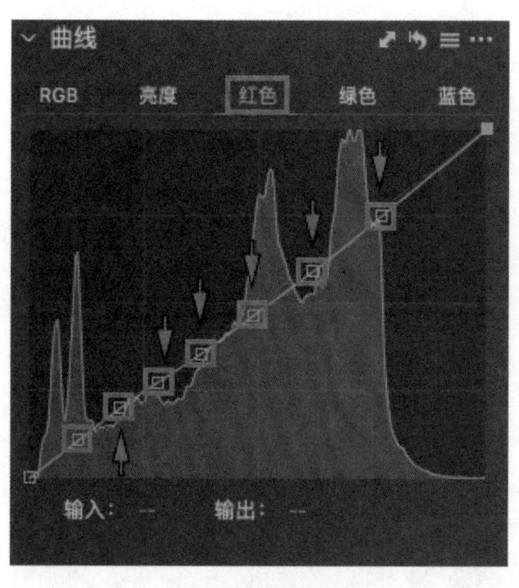

◎ 图 C2-10

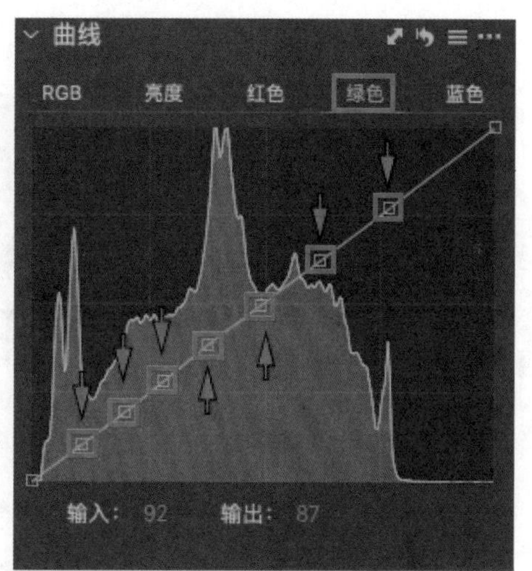

◎ 图 C2-11

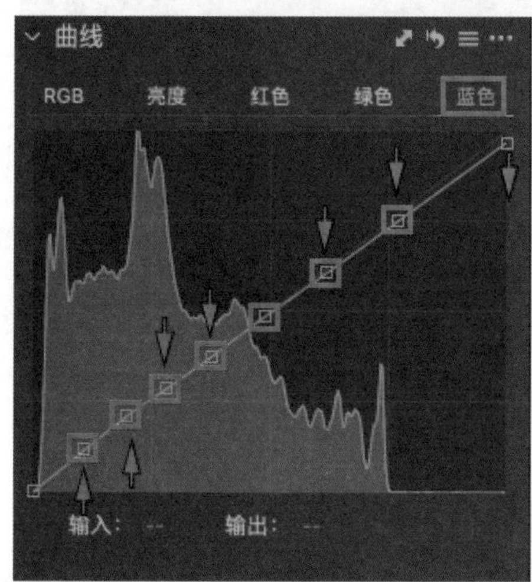

◎ 图 C2-12

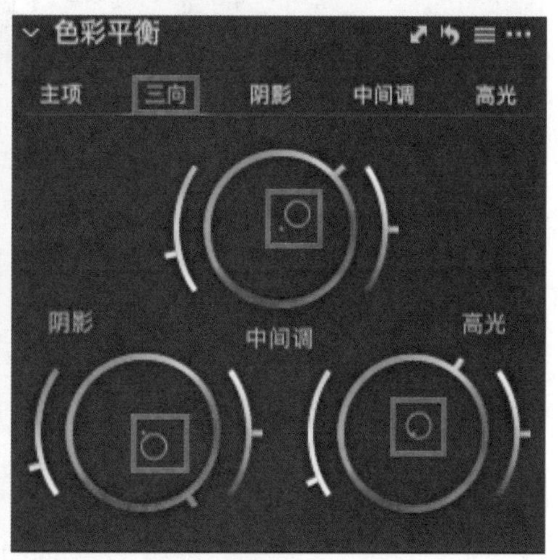

◎ 图 C2-13

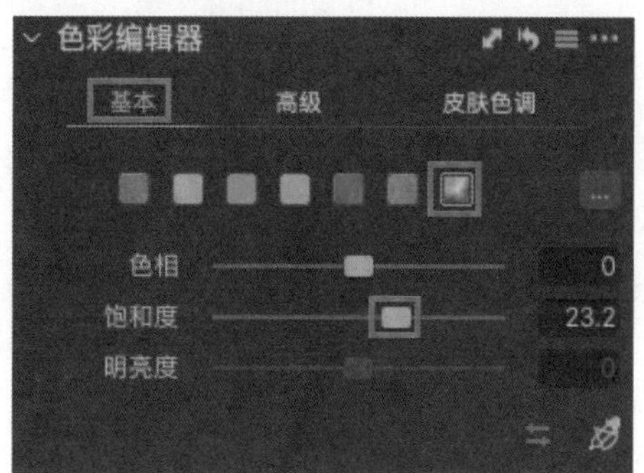

◎ 图 C2-14

调色完成，观察调整前后的对比效果，如图 C2-15 所示。

◎ 图 C2-15

C3 课

明亮通透牛奶咖啡色

本课学习明亮通透牛奶咖啡色的调色方法。将图 C3-1 所示的图像导入 Capture One 软件。

◎ 图 C3-1

调整“白平衡”。设置“色温”值为 6722，“色调”值为 16.5，如图 C3-2 所示。

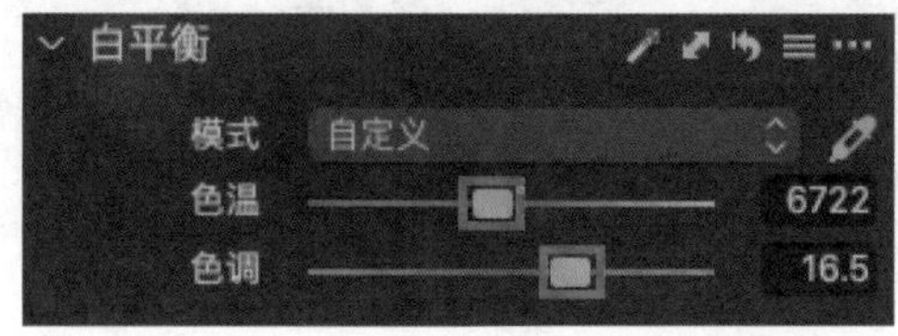

◎ 图 C3-2

调整“曝光”。提高“曝光”和“对比度”，降低“饱和度”，如图 C3-3 所示。

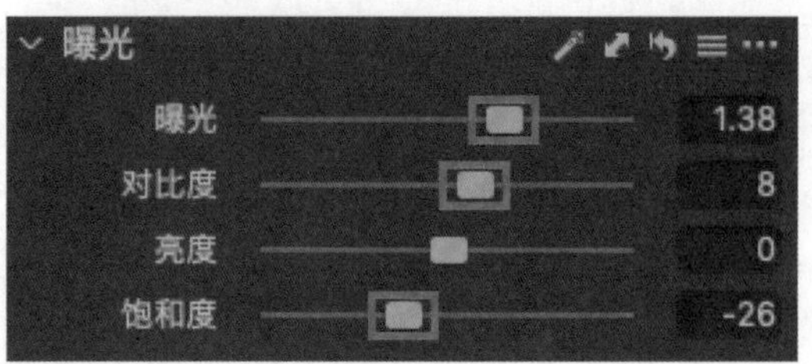

◎ 图 C3-3

调整“高动态范围”。降低“高光”，如图 C3-4 所示。

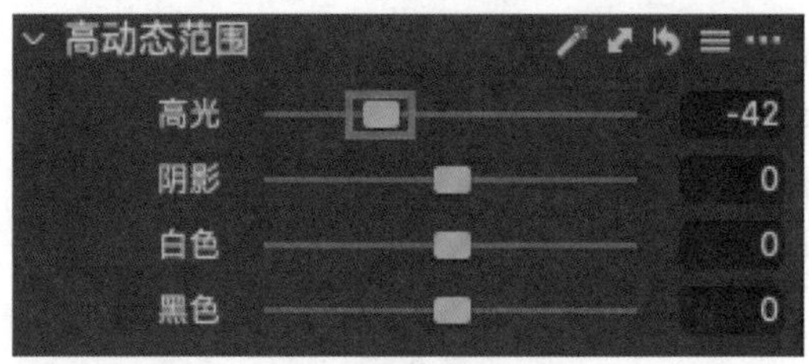

◎ 图 C3-4

调整“降噪”，去除图像的杂色，如图 C3-5 所示。

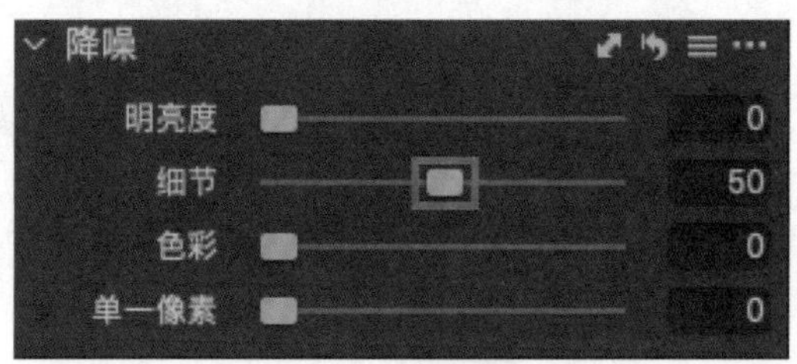

◎ 图 C3-5

调整“锐化”，增强图像的锐度，如图 C3-6 所示。

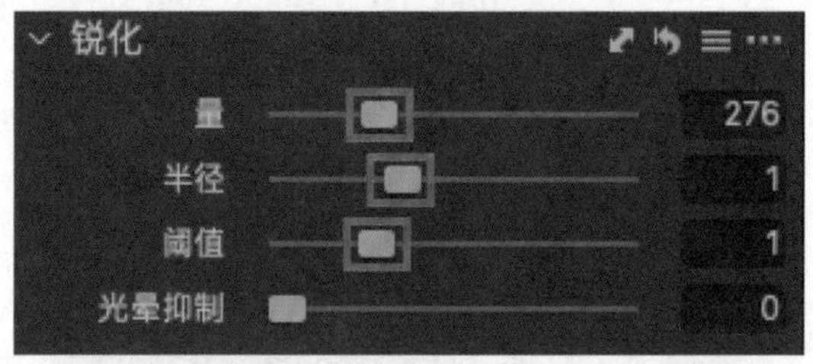

◎ 图 C3-6

调整“色阶”，压暗阴影和高光，如图 C3-7 所示。

调整“曲线”。切换到“亮度”通道，增强图像的整体对比度，如图 C3-8 所示。

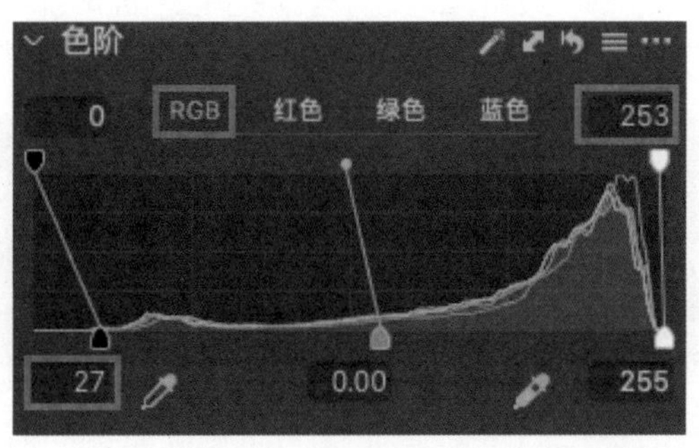

◎ 图 C3-7

调整“色彩平衡”。为“阴影”加红色，为“中间调”加绿色，为“高光”加绿色，如图 C3-9 所示。

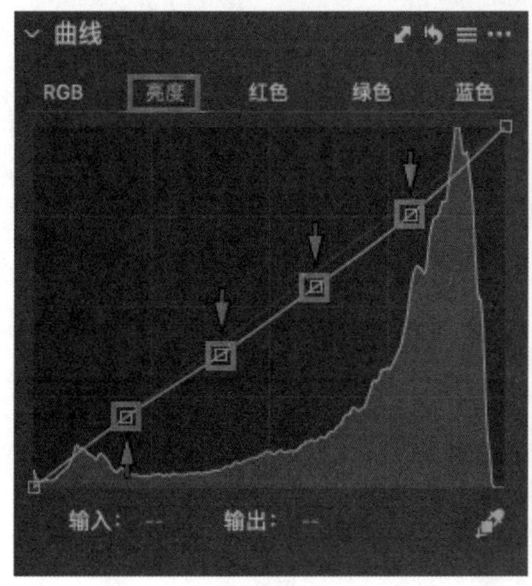

◎ 图 C3-8

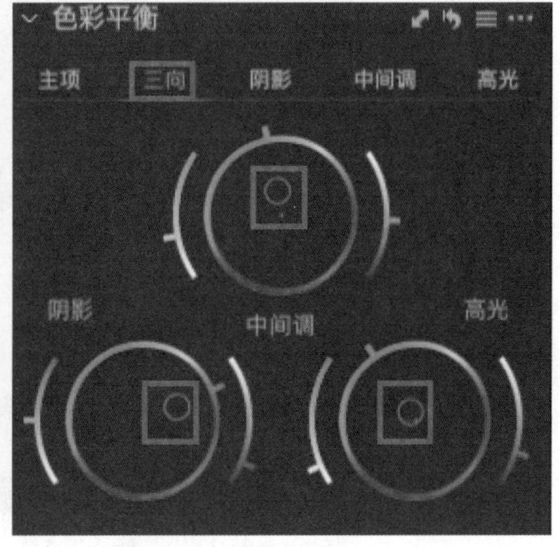

◎ 图 C3-9

调整“色彩编辑器”。增加复合通道的“饱和度”，如图 C3-10 所示。

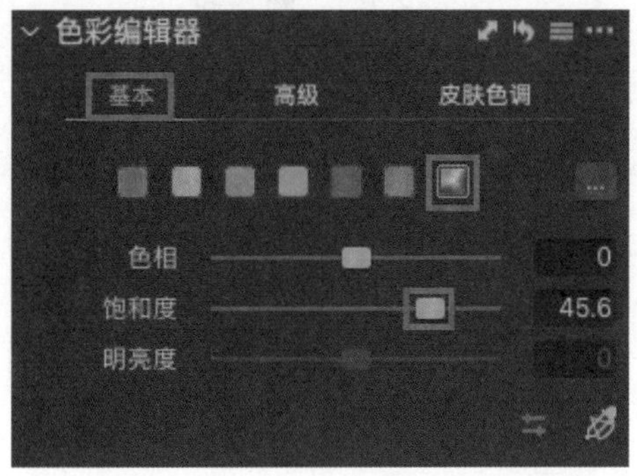

◎ 图 C3-10

调整“胶片颗粒”，为图像添加胶片效果，如图 C3-11 所示。

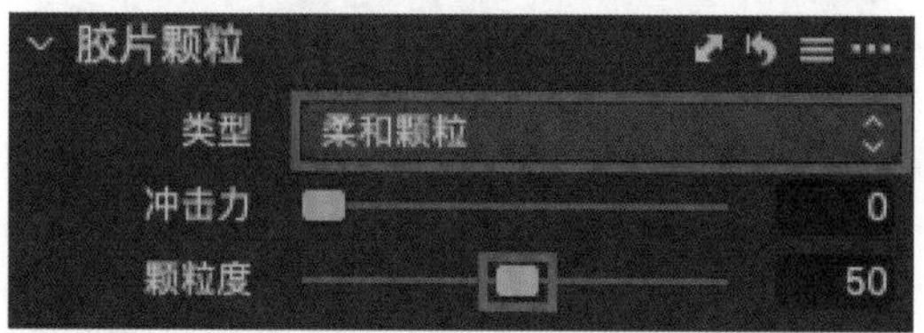

◎ 图 C3-11

调色完成，观察调整前后的对比效果，如图 C3-12 所示。

◎ 图 C3-12

C4 课

莫兰迪灰绿小清新色调

本课学习莫兰迪灰绿小清新色调的调色方法。将图 C4-1 所示的图像导入 Capture One 软件。

◎ 图 C4-1

调整“白平衡”。设置“色温”值为5908，“色调”值为−8.5，如图C4-2所示。

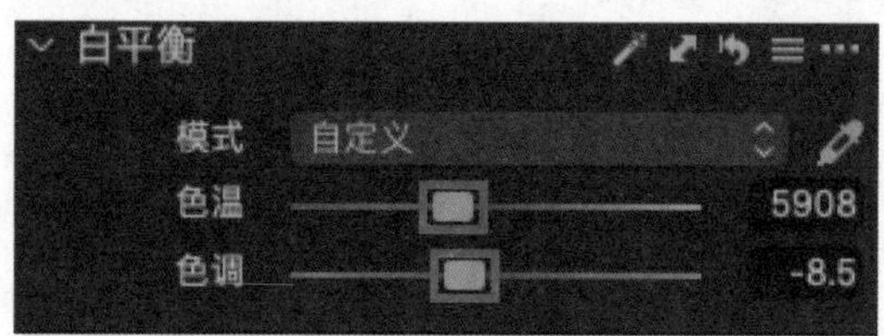

◎ 图 C4-2

调整“曝光”。提高“曝光”，降低“对比度”，柔化图像，增加灰度，提高“饱和度”，如图C4-3所示。

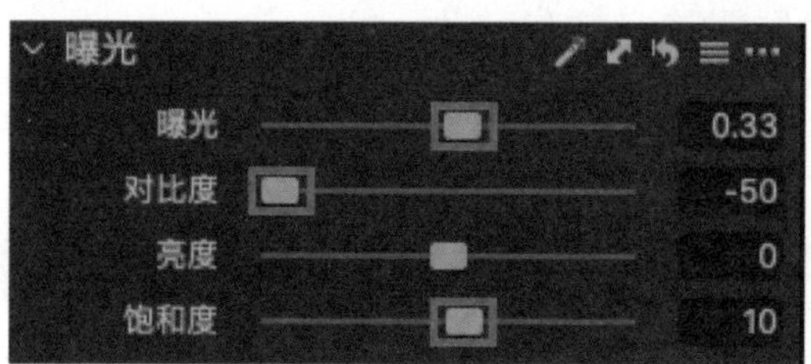

◎ 图 C4-3

调整“高动态范围”。降低“高光”，提高“阴影”，还原图像的更多细节，如图C4-4所示。

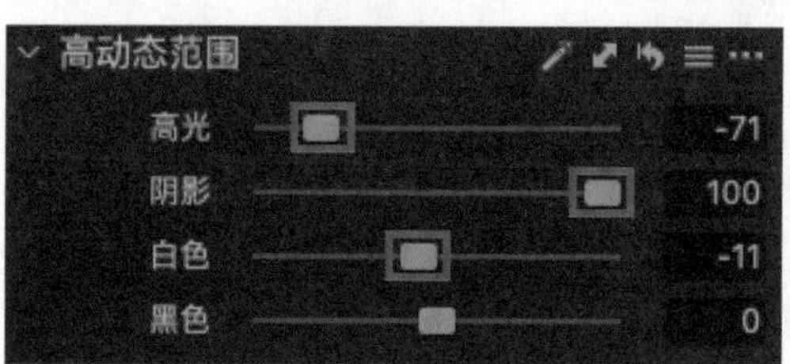

◎ 图 C4-4

调整“降噪”，去除图像的杂色，如图C4-5所示。

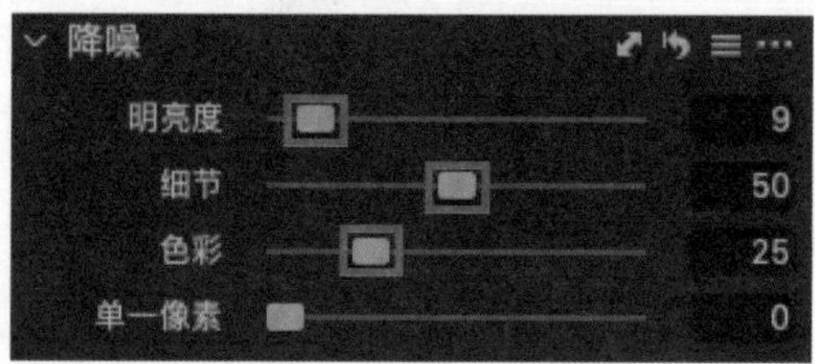

◎ 图 C4-5

调整“清晰度”，让图像变得更清晰，如图 C4-6 所示。

◎ 图 C4-6

调整“锐化”，增强图像的锐度，如图 C4-7 所示。

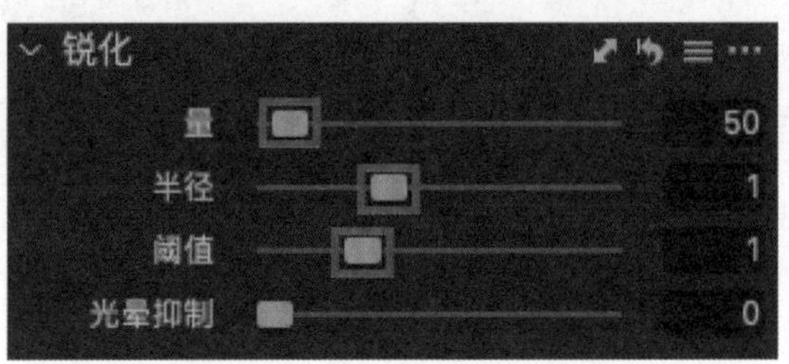

◎ 图 C4-7

调整“色阶”，压暗阴影并调高亮光，增强图像的层次感，如图 C4-8 所示。

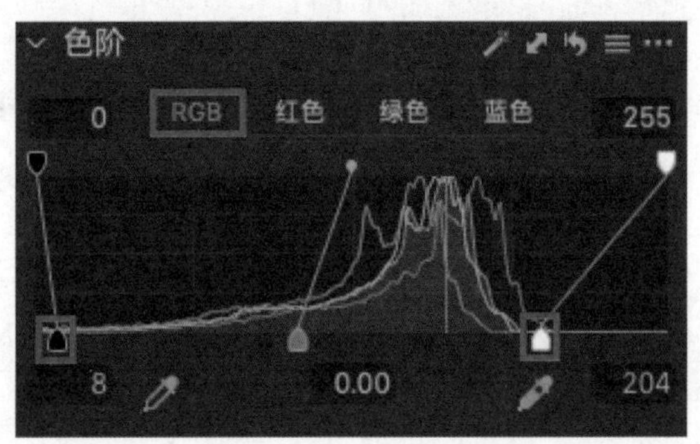

◎ 图 C4-8

调整“曲线”。调整 RGB 通道，提高图像整体的对比度，如图 C4-9 所示。

继续调整“曲线”。切换到“亮度”通道，增强图像整体的对比度，如图 C4-10 所示。

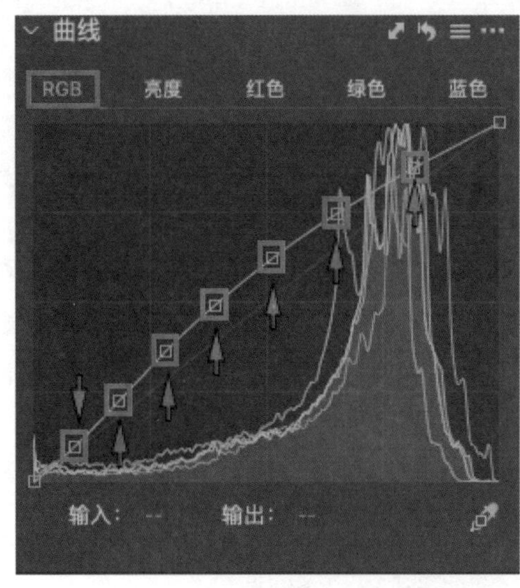

◎ 图 C4-9

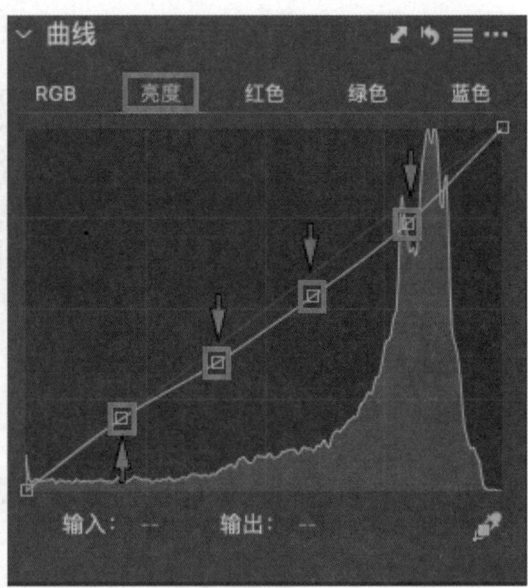

◎ 图 C4-10

切换到“红色”通道，为高光加红色，为暗部加青色，如图 C4-11 所示。

切换到“绿色”通道，为高光加绿色，为暗部加洋红色，如图 C4-12 所示。

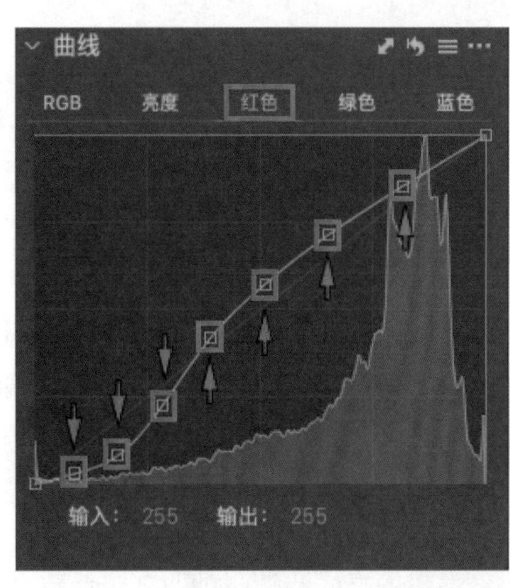

◎ 图 C4-11

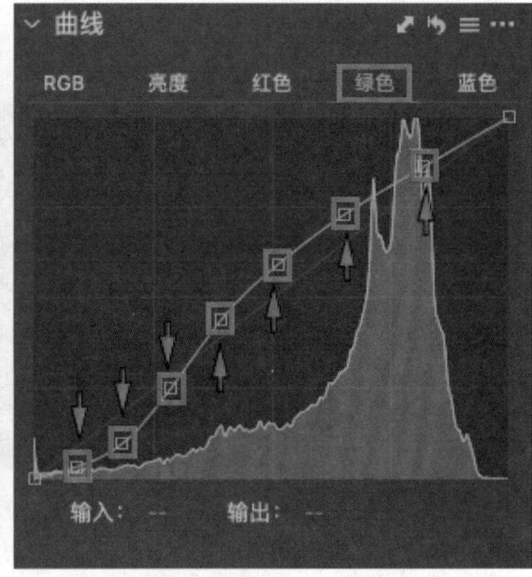

◎ 图 C4-12

切换到“蓝色”通道，为高光加蓝色，为暗部加黄色，如图 C4-13 所示。

调整“色彩平衡”。为“中间调”加少许黄色，为“高光”加少许黄色，如图 C4-14 所示。

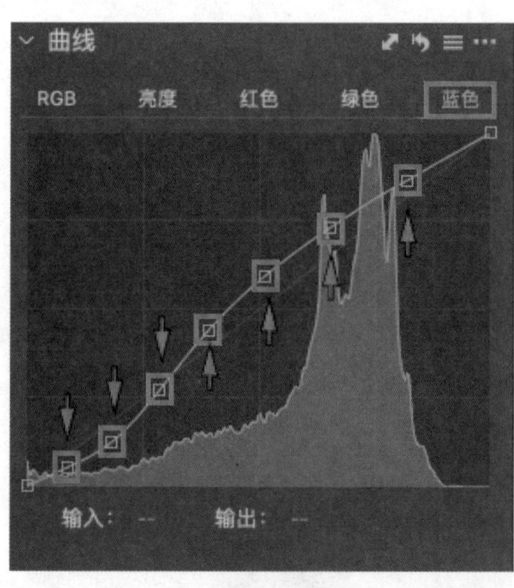

◎ 图 C4-13

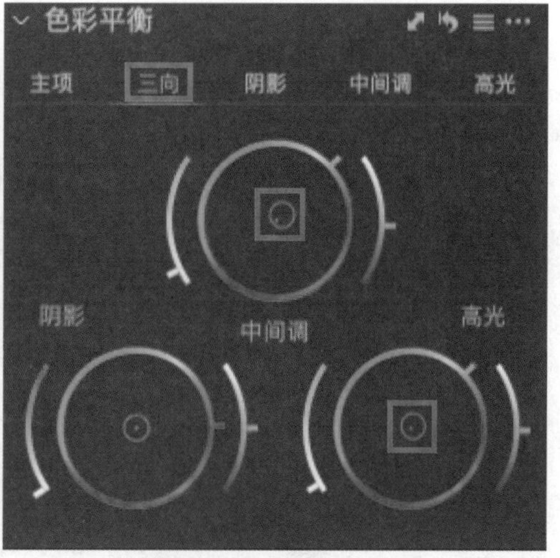

◎ 图 C4-14

调整“色彩编辑器”。降低复合通道的“饱和度”，如图 C4-15 所示。

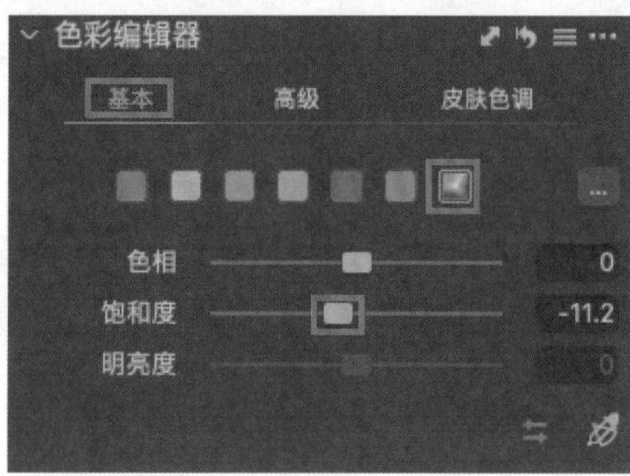

◎ 图 C4-15

调整“胶片颗粒”，为图像添加胶片效果，如图 C4-16 所示。

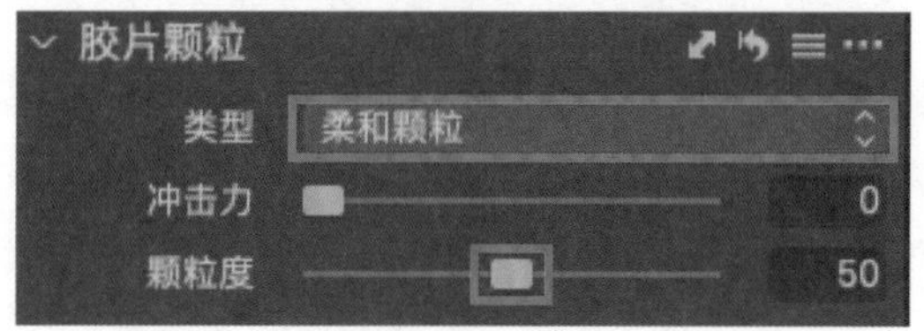

◎ 图 C4-16

调色完成，观察调整前后的对比效果，如图 C4-17 所示。

◎ 图 C4-17

C5 课

莫兰迪灰色调

本课学习莫兰迪灰色调的调色方法。将图 C5-1 所示的图像导入 Capture One 软件。

◎ 图 C5-1

调整“白平衡”。设置“色温”值为 5966，“色调”值为−4.5，如图 C5-2 所示。

白平衡

模式 自定义

色温 5966

色调 -4.5

◎ 图 C5-2

调整“曝光”，降低“曝光”，提高“对比度”，如图 C5-3 所示。

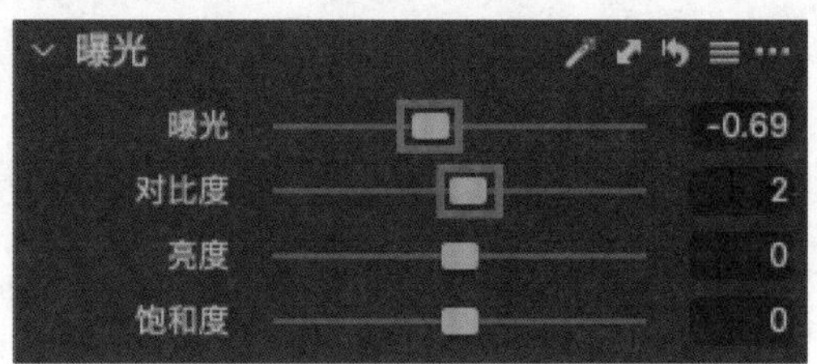

◎ 图 C5-3

调整“高动态范围”。降低“高光”，提高“阴影”，还原图像的细节，如图 C5-4 所示。

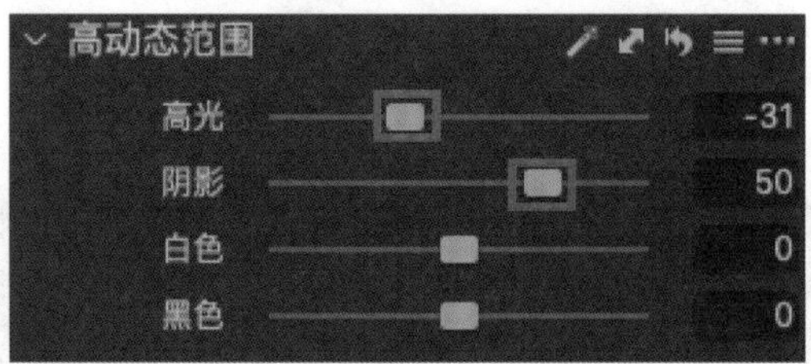

◎ 图 C5-4

调整“降噪”，去除图像的杂色，如图 C5-5 所示。

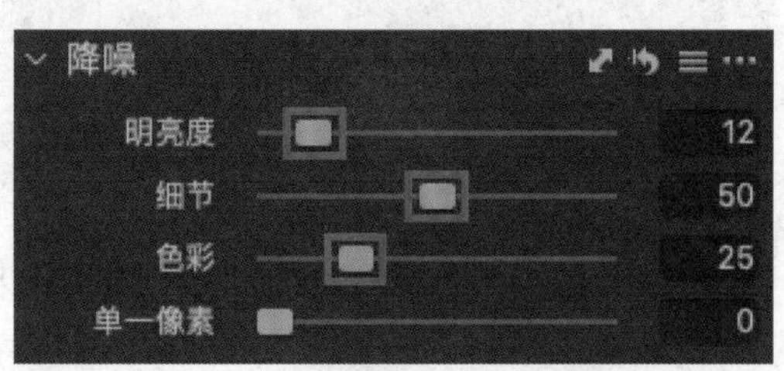

◎ 图 C5-5

调整“清晰度”，让图像变得更清晰，如图 C5-6 所示。

◎ 图 C5-6

调整“锐化”，增加图像的锐度，如图 C5-7 所示。

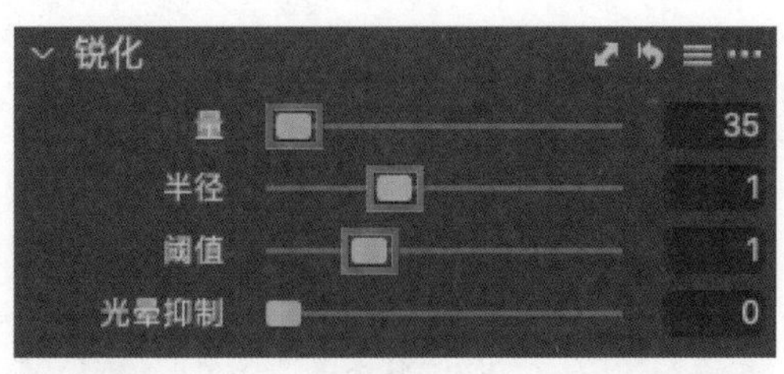

◎ 图 C5-7

调整“色阶”，压低高光，如图 C5-8 所示。

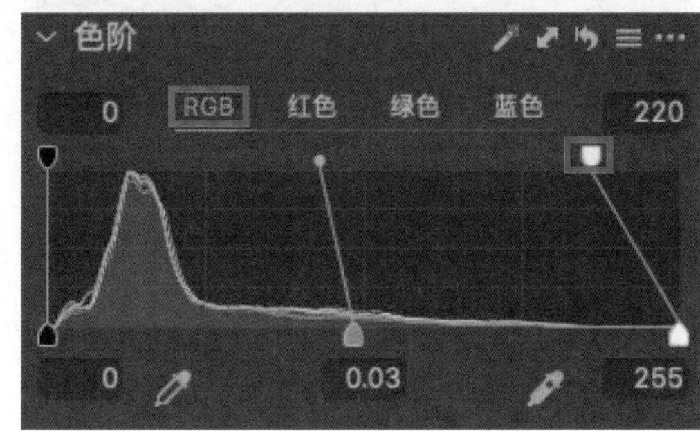

◎ 图 C5-8

调整“曲线”。调整 RGB 通道，增强图像的对比度，如图 C5-9 所示。

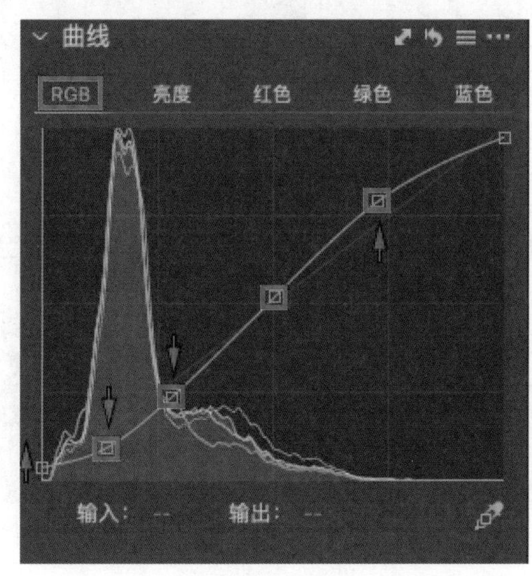

◎ 图 C5-9

继续调整“曲线”。切换到“亮度”通道，进一步增强图像的对比度，如图 C5-10 所示。

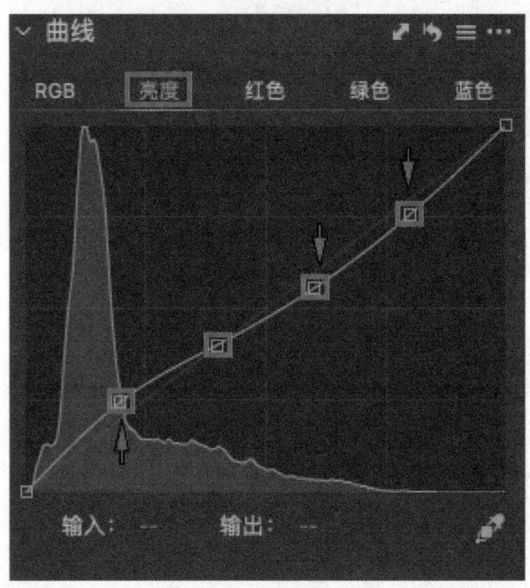

◎ 图 C5-10

调整“色彩平衡”。为“阴影”加红橙色，为“中间调”加绿色，为“高光”加青色，如图 C5-11 所示。

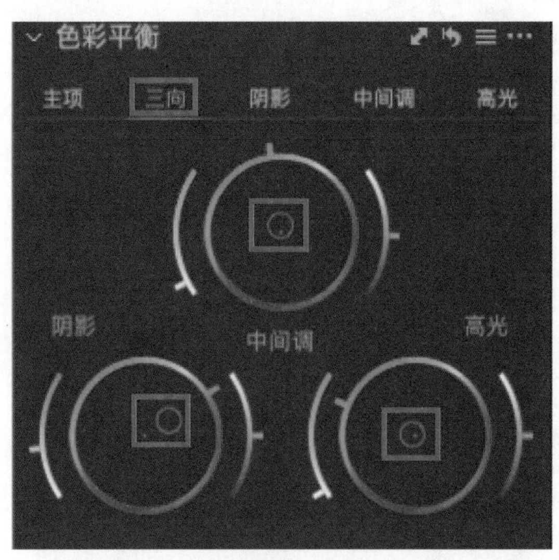

◎ 图 C5-11

调整“色彩编辑器”。提高复合通道的“饱和度”，如图 C5-12 所示。

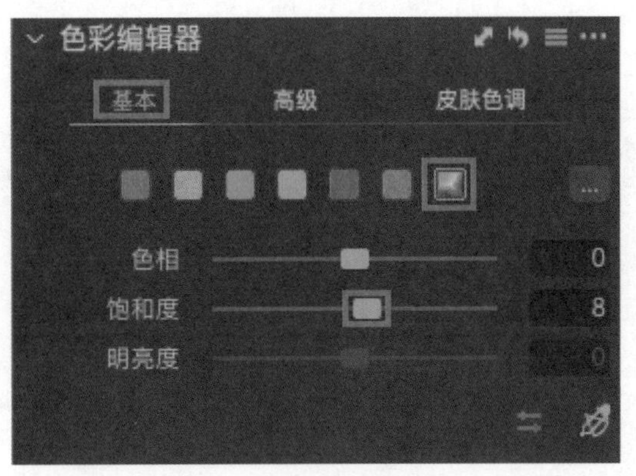

◎ 图 C5-12

调色完成，观察调整前后的对比效果，如图 C5-13 所示。

◎ 图 C5-13

C6 课 青蓝电影色调

本课学习青蓝电影色调的调色方法。将图 C6-1 所示的图像导入 Capture One 软件。

◎ 图 C6-1

调整“白平衡”。设置“色温”值为 6500，“色调”值为 13.7，如图 C6-2 所示。

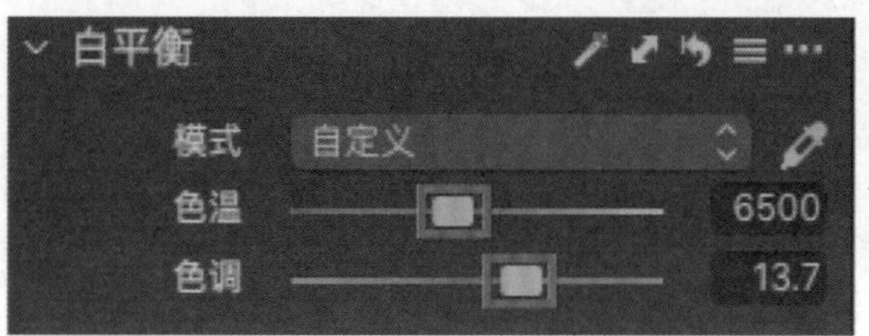

◎ 图 C6-2

调整“曝光”。提高“曝光”，降低“对比度”，柔化图像，降低“饱和度”，如图 C6-3 所示。

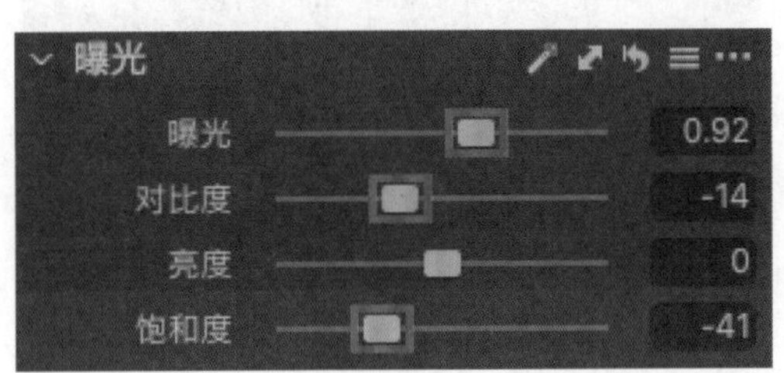

◎ 图 C6-3

调整“高动态范围”。降低“高光”，提高“阴影”，还原图像的更多细节，如图 C6-4 所示。

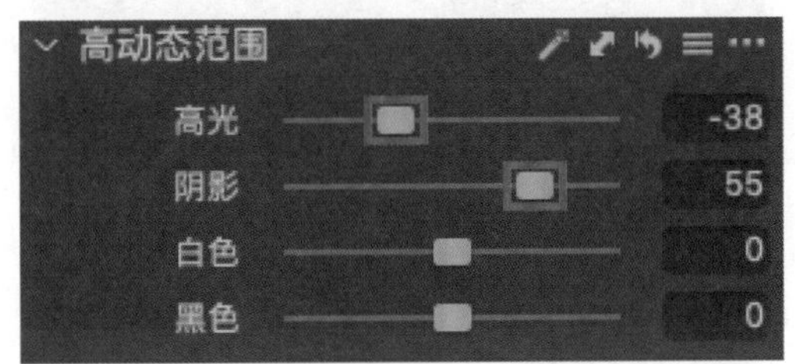

◎ 图 C6-4

调整“降噪”，去除图像的杂色，如图 C6-5 所示。

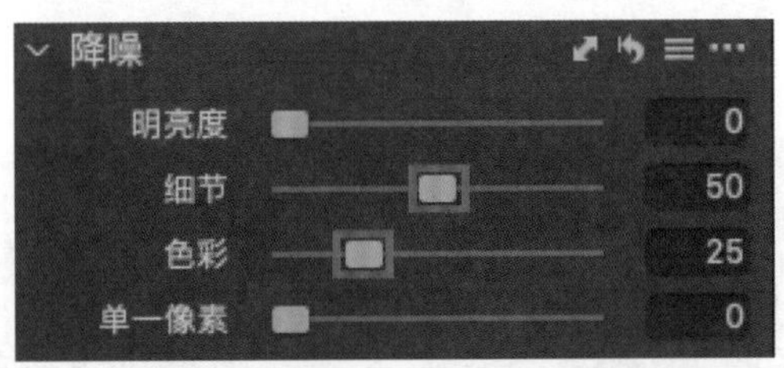

◎ 图 C6-5

调整“清晰度”，让图像更清晰，如图 C6-6 所示。

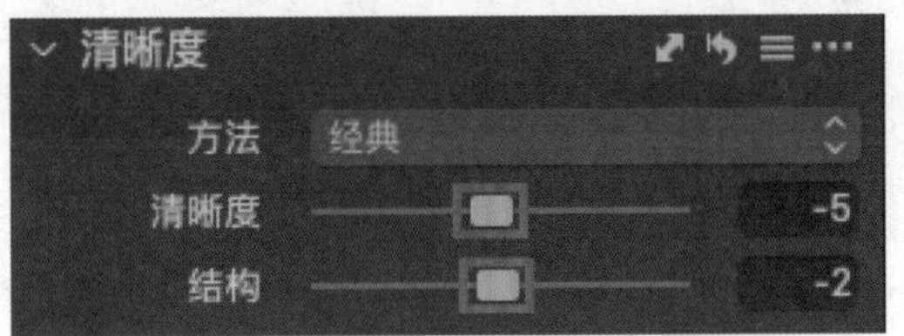

◎ 图 C6-6

调整“锐化”，增强图像的锐度，如图 C6-7 所示。

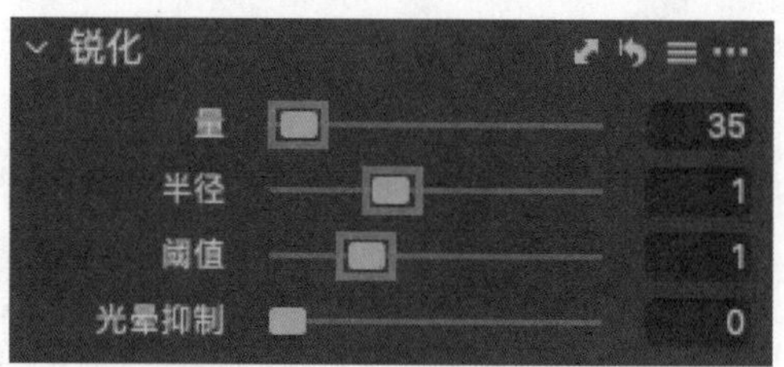

◎ 图 C6-7

调整“色阶”。压低高光，提高阴影，如图 C6-8 所示。

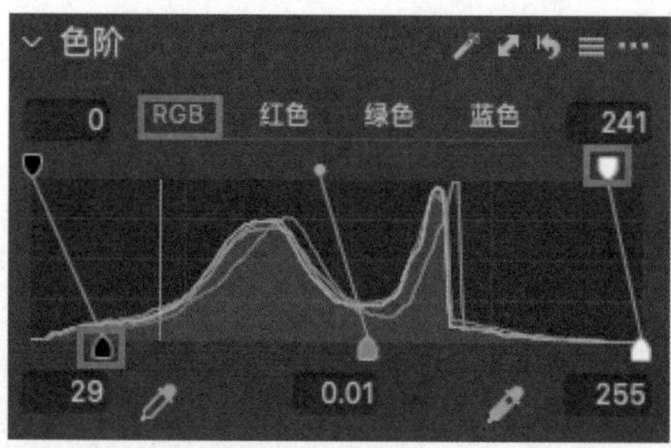

◎ 图 C6-8

调整“曲线”。调整 RGB 通道，增强图像的对比度，如图 C6-9 所示。

继续调整“曲线”。切换到“亮度”通道，进一步增强全图的对比度，如图 C6-10 所示。

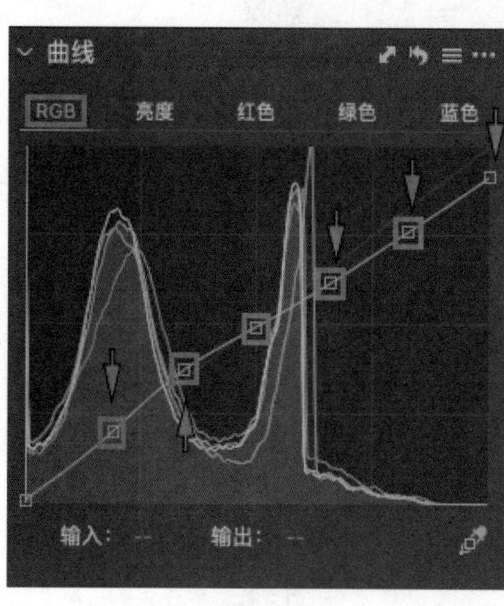

◎ 图 C6-9

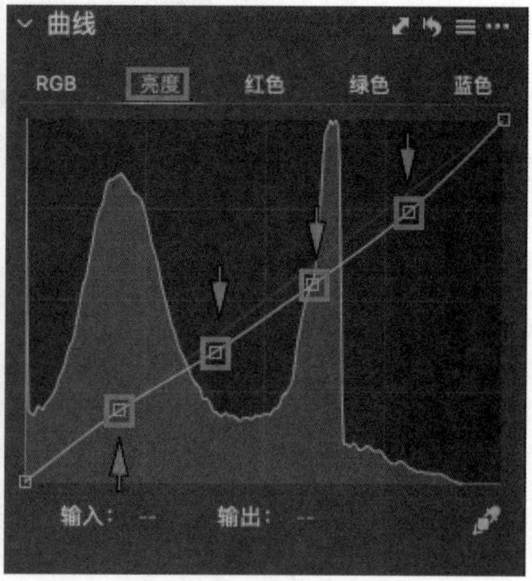

◎ 图 C6-10

切换到“红色”通道，为高光加红色，为暗部加青色，如图 C6-11 所示。

切换到“绿色”通道，为高光加绿色，为暗部加洋红色，如图 C6-12 所示。

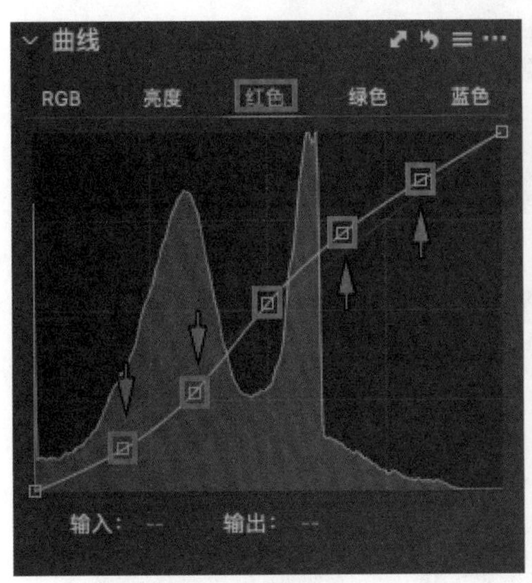

◎ 图 C6-11

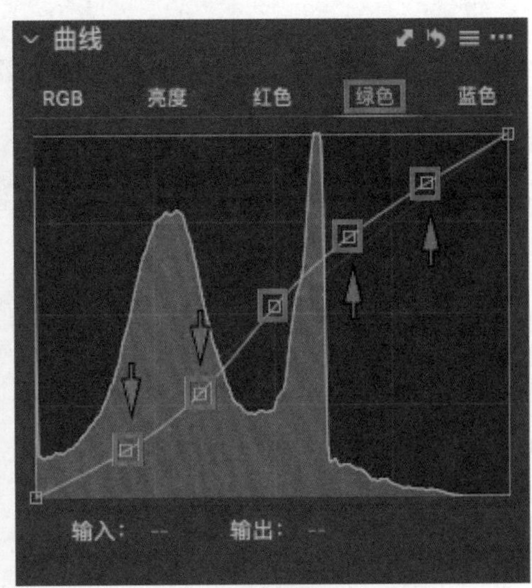

◎ 图 C6-12

切换到“蓝色”通道，为高光加蓝色，为暗部加黄色，如图 C6-13 所示。

调整“色彩平衡”。为“中间调”加青色，为“高光”加青色，如图 C6-14 所示。

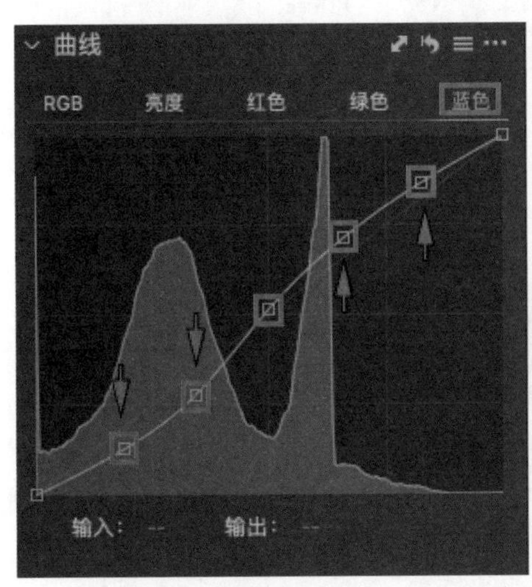

◎ 图 C6-13

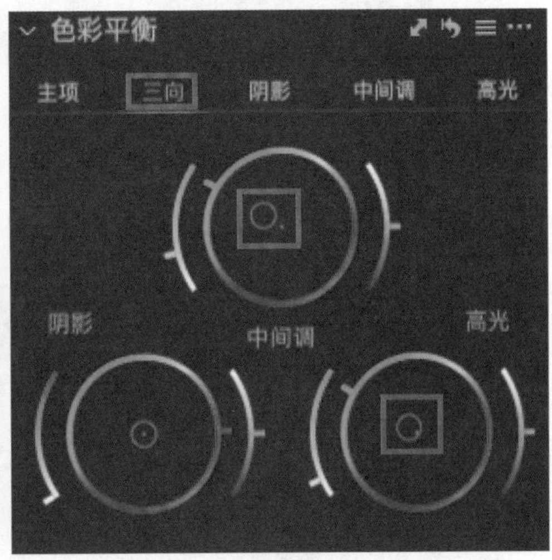

◎ 图 C6-14

调整“胶片颗粒”，为图像添加胶片效果，如图 C6-15 所示。

◎ 图 C6-15

调色完成，观察调整前后的对比效果，如图 C6-16 所示。

◎ 图 C6-16

C7 课

日系稻田日落逆光色调

本课学习日系稻田日落逆光色调的调色方法。将图 C7-1 所示的图像导入 Capture One 软件。

◎ 图 C7-1

调整“白平衡”。设置“色温”值为 6258，“色调”值为 0.5，如图 C7-2 所示。

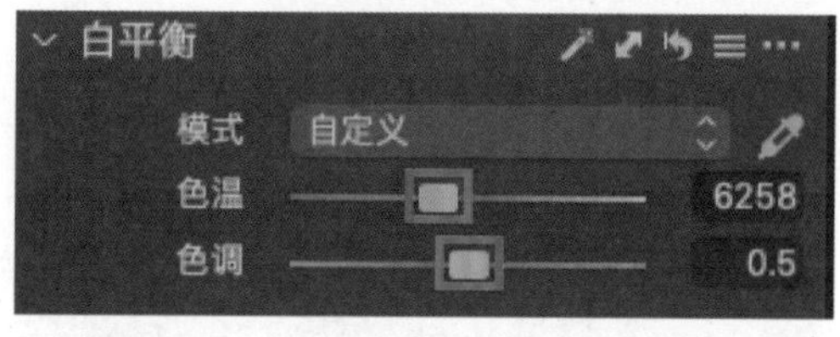

◎ 图 C7-2

调整“曝光”。提高“曝光”，降低“对比度”，柔化图像，提高“饱和度”，如图 C7-3 所示。

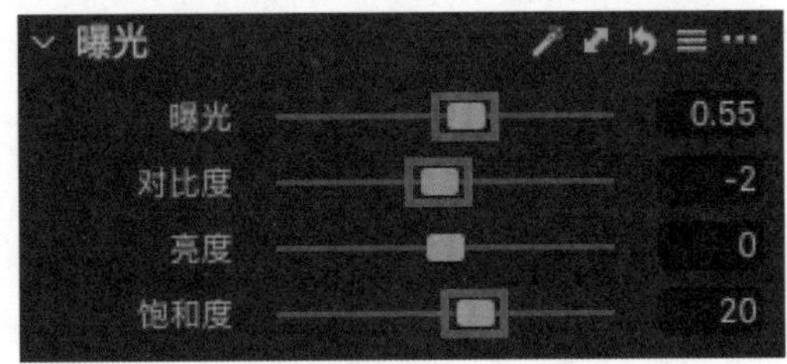

◎ 图 C7-3

调整“高动态范围”。降低“高光”，提高“阴影”，还原图像的更多细节，如图 C7-4 所示。

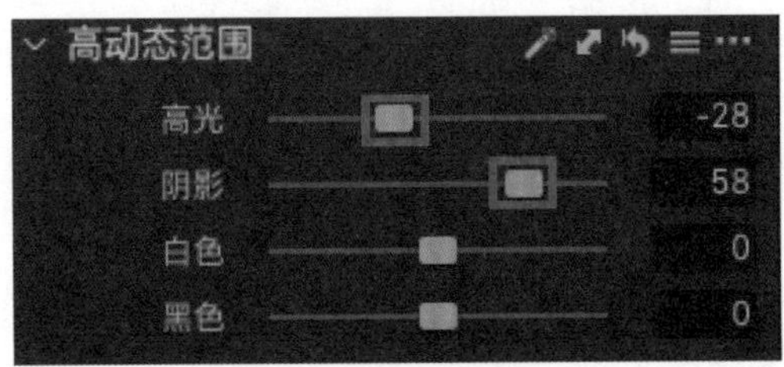

◎ 图 C7-4

调整“降噪”，去除图像的杂色，如图 C7-5 所示。

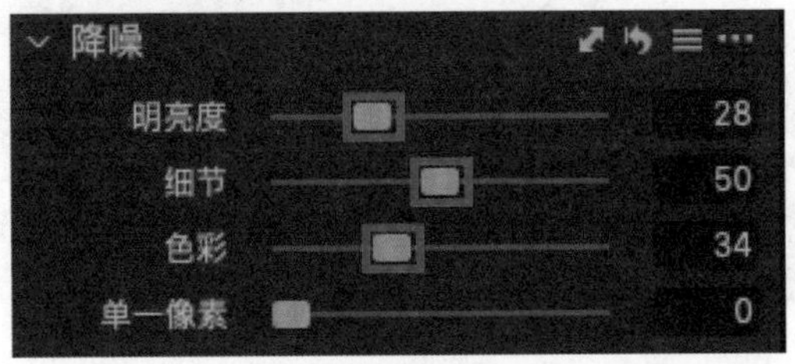

◎ 图 C7-5

调整“锐化”，增强图像的锐度，如图 C7-6 所示。

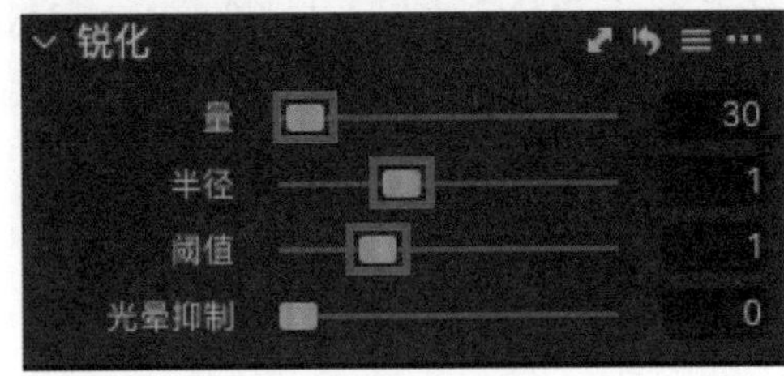

◎ 图 C7-6

调整“色阶”，压低一点高光，如图 C7-7 所示。

调整“曲线”。调整 RGB 通道，增强全图的对比度，如图 C7-8 所示。

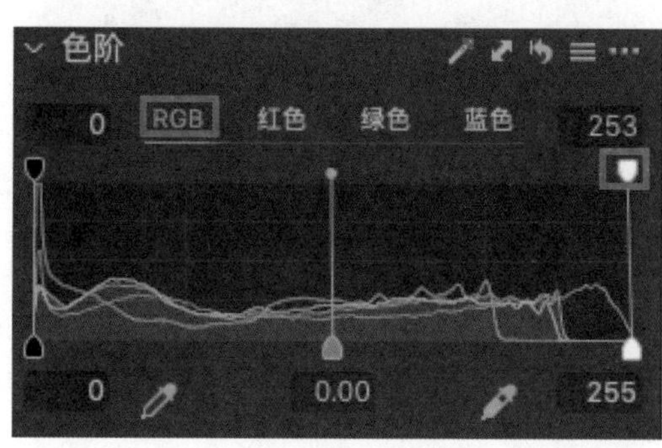

◎ 图 C7-7

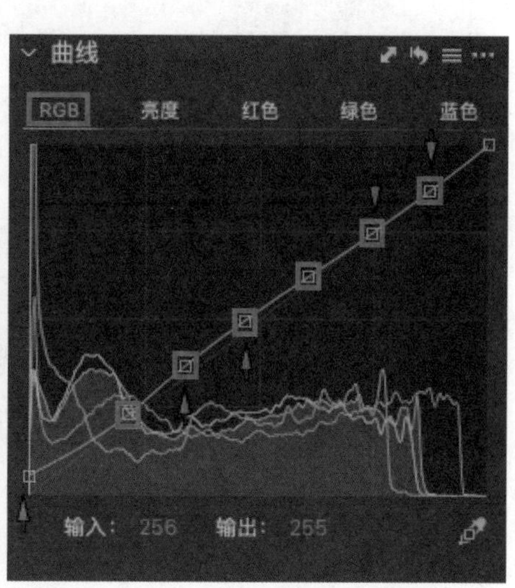

◎ 图 C7-8

继续调整“曲线”。切换到“亮度”通道，进一步增强图像的对比度，如图 C7-9 所示。

切换到“红色”通道，为高光到暗部全部微调加红色，如图 C7-10 所示。

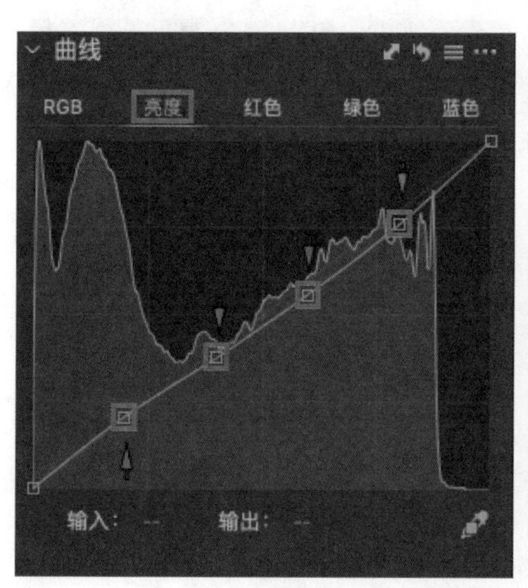

◎ 图 C7-9

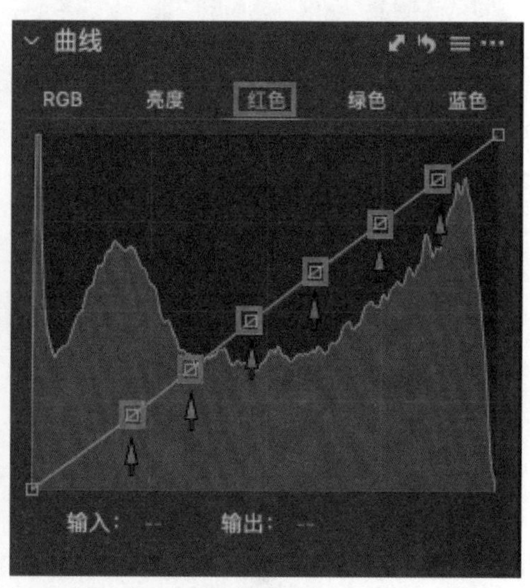

◎ 图 C7-10

切换到“绿色”通道，为高光和中间调加绿色，为暗部加洋红色，如图 C7-11 所示。

切换到“蓝色”通道，为高光加蓝色，为暗部加黄色，如图 C7-12 所示。

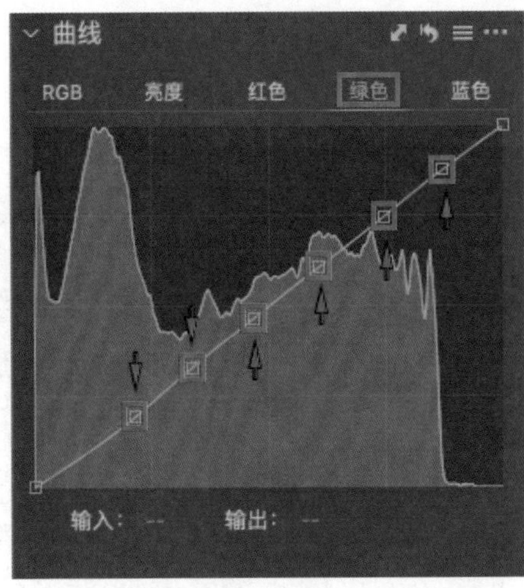

◎ 图 C7-11

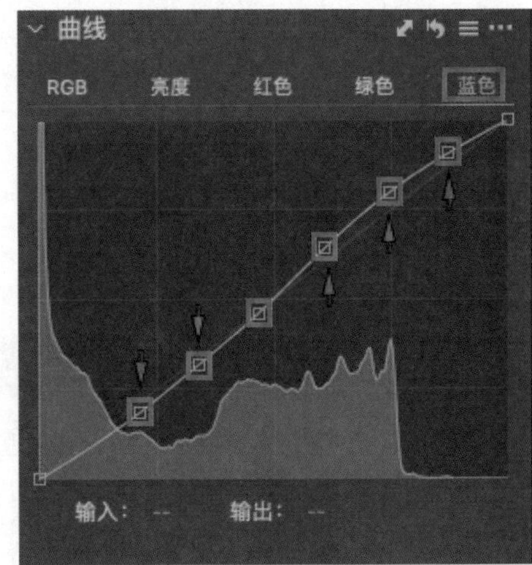

◎ 图 C7-12

调整“色彩平衡”。为“阴影”加蓝色，为“中间调”加青色，为“高光”加橙色，如图 C7-13 所示。

调整“色彩编辑器”。提高复合通道的“饱和度”，如图 C7-14 所示。

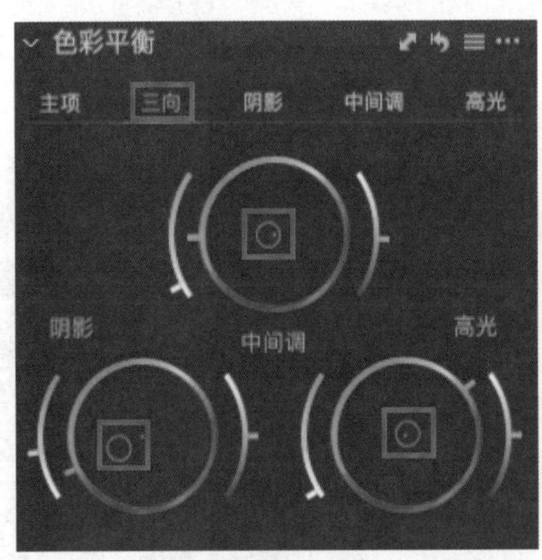

◎ 图 C7-13

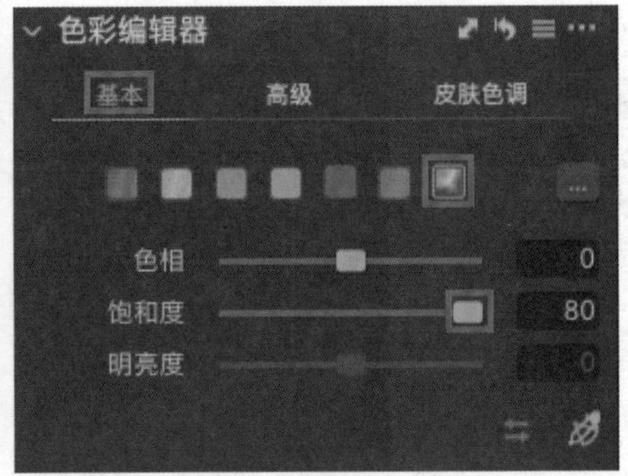

◎ 图 C7-14

调整“渐晕”，为图像添加暗角，如图 C7-15 所示。

◎ 图 C7-15

调色完成，观察调整前后的对比效果，如图 C7-16 所示。

◎ 图 C7-16

C8 课
日系小清新风

本课学习日系小清新风的调色方法。将图 C8-1 所示的图像导入 Capture One 软件。

◎ 图 C8-1

调整“白平衡”。设置“色温”值为 5500，“色调”值为 11，如图 C8-2 所示。

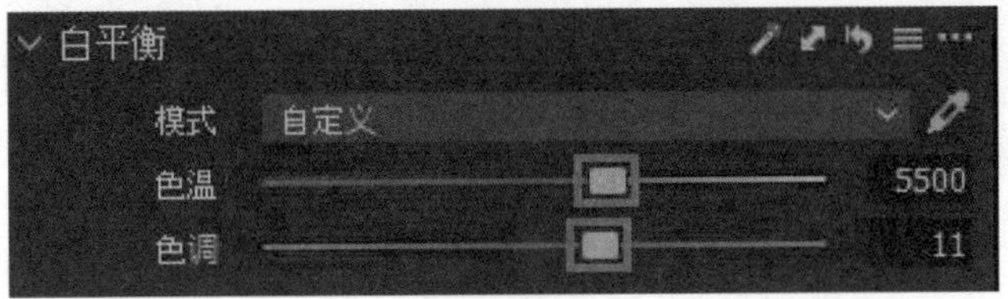

◎ 图 C8-2

调整“曝光”。提高“曝光”，降低“对比度”，柔化图像，提高“饱和度”，如图 C8-3 所示。

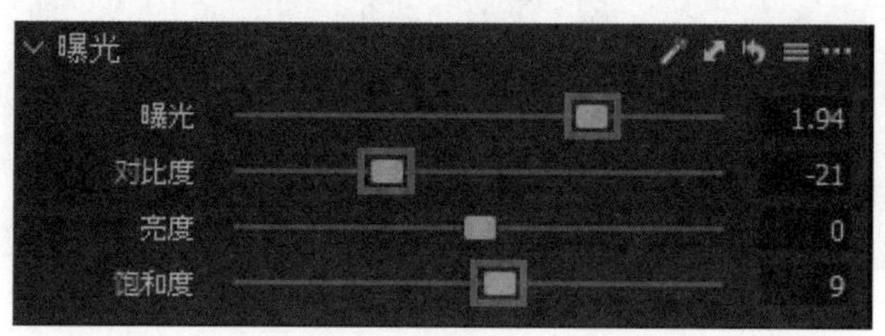

◎ 图 C8-3

调整“高动态范围”。降低“高光”，提高“阴影”，还原图像的更多细节，如图 C8-4 所示。

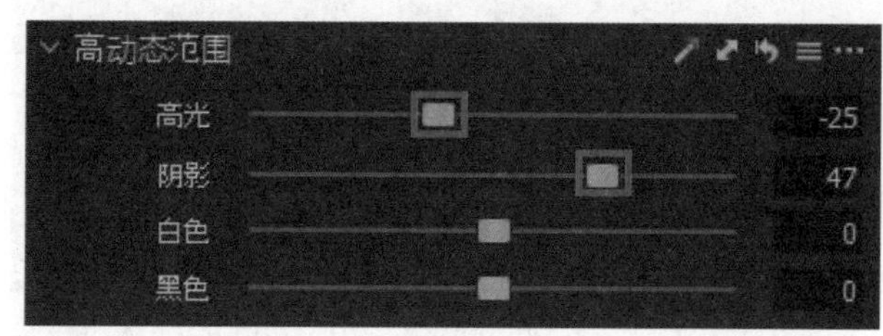

◎ 图 C8-4

调整“降噪”，去除图像的杂色，如图 C8-5 所示。

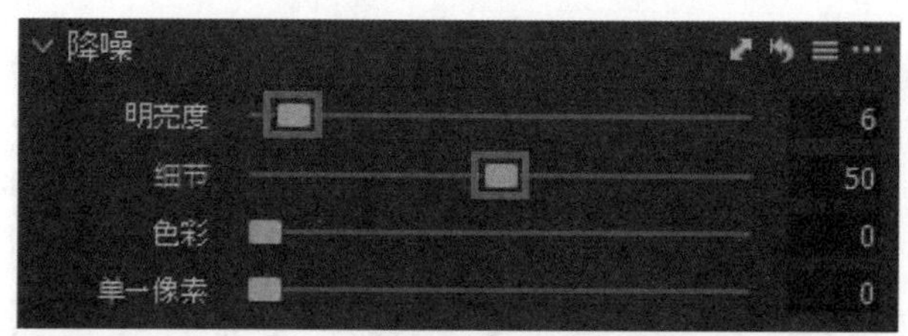

◎ 图 C8-5

调整“清晰度”，让图像更清晰，如图 C8-6 所示。

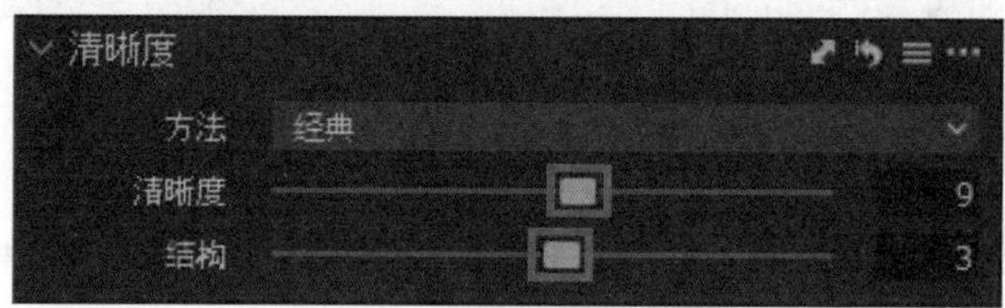

◎ 图 C8-6

调整“锐化”，增强图像的层次感和质感，如图 C8-7 所示。

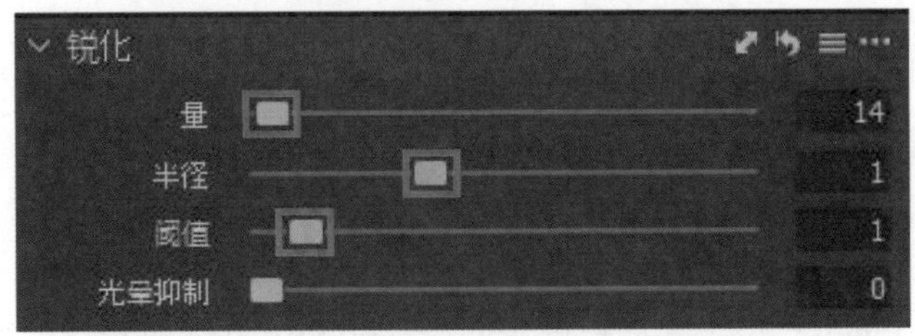

◎ 图 C8-7

调整“色阶”，降低高光，提高阴影，使图像的明暗过渡柔和，如图 C8-8 所示。

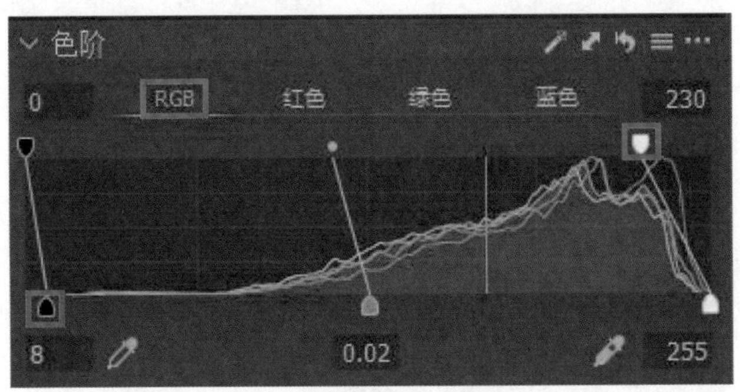

◎ 图 C8-8

调整“曲线”。切换到“亮度”通道，增强图像的整体对比度，如图 C8-9 所示。

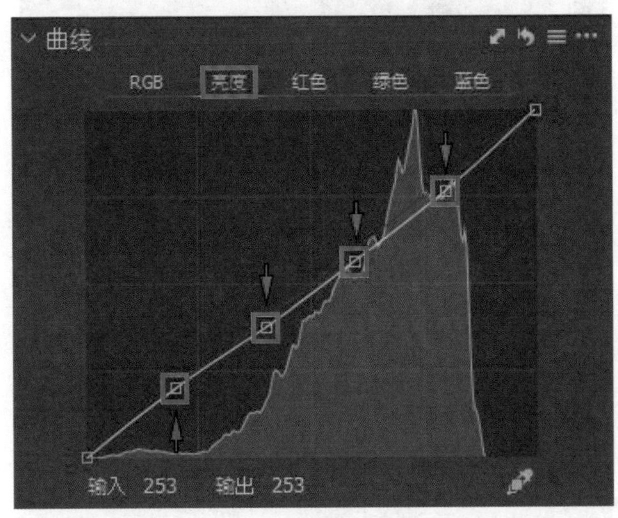

◎ 图 C8-9

调整“色彩平衡”。为“阴影”加蓝色，为“中间调”加蓝色，如图 C8-10 所示。

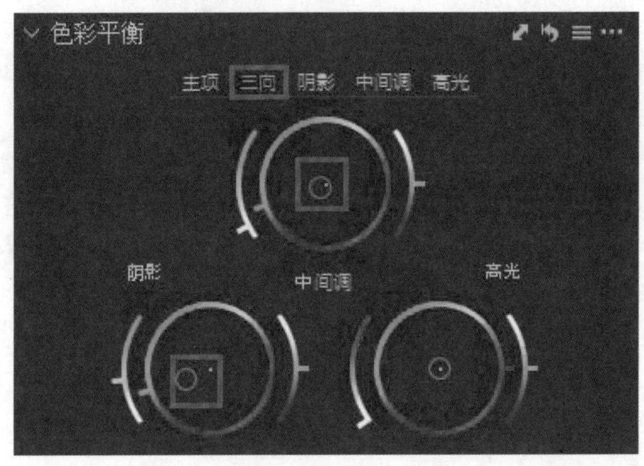

◎ 图 C8-10

调整“色彩编辑器”。提高复合通道的“饱和度”，如图 C8-11 所示。

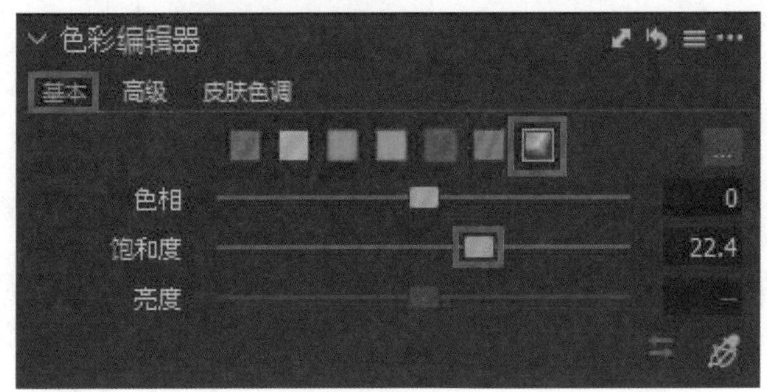

◎ 图 C8-11

调整“渐晕”，为图像添加暗角效果，如图 C8-12 所示。

◎ 图 C8-12

调色完成，观察调整前后的对比效果，如图 C8-13 所示。

◎ 图 C8-13

C9 课

时尚波西米亚旅拍胶片风

本课学习时尚波西米亚旅拍胶片风的调色方法。将图 C9-1 所示的图像导入 Capture One 软件。

◎ 图 C9-1

调整“白平衡”。设置“色温”值为 4306，“色调”值为 3.3，如图 C9-2 所示。

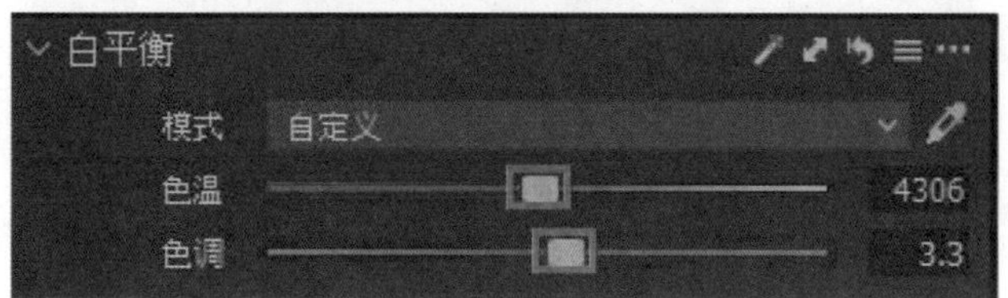

◎ 图 C9-2

调整“曝光”。提高“曝光”，降低“对比度”和“饱和度”，如图 C9-3 所示。

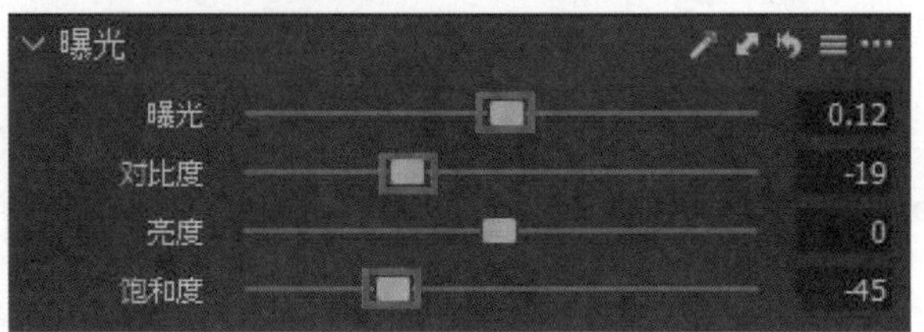

◎ 图 C9-3

调整“高动态范围”。降低“高光”，提高“阴影”，还原图像的更多细节，如图 C9-4 所示。

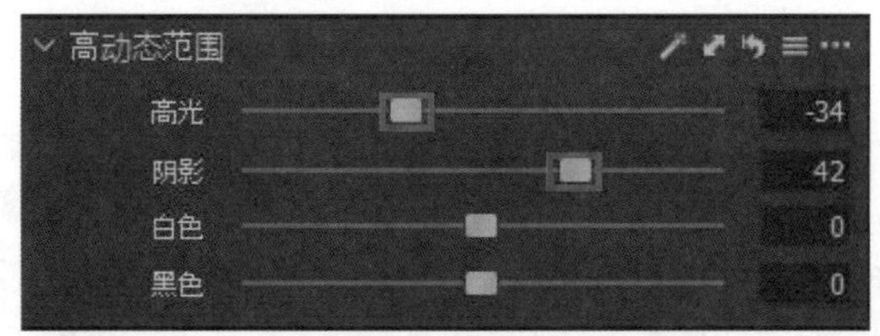

◎ 图 C9-4

调整“降噪”，去除图像的杂色，如图 C9-5 所示。

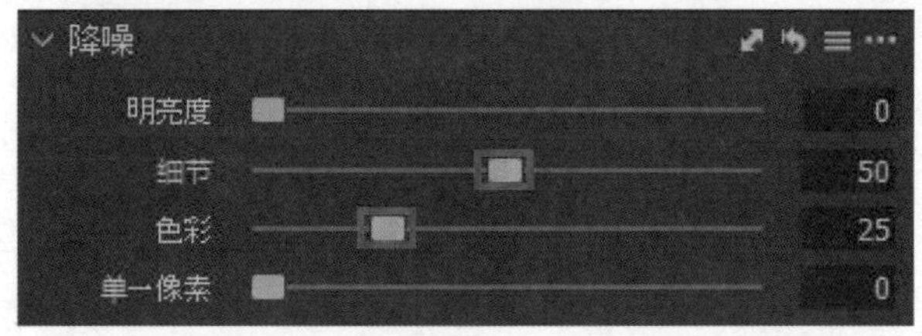

◎ 图 C9-5

调整“清晰度”，让图像更清晰，如图 C9-6 所示。

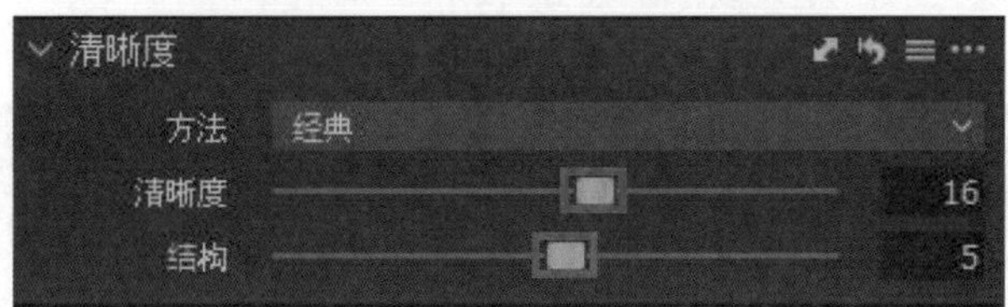

◎ 图 C9-6

调整“锐化”，增强图像的质感，如图 C9-7 所示。

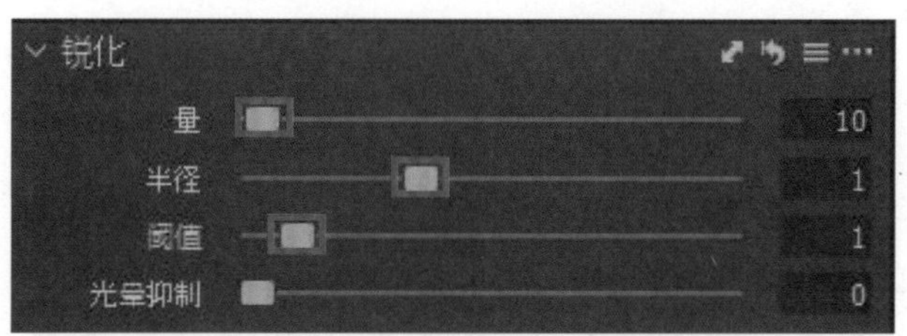

◎ 图 C9-7

调整“色阶”，提高图像整体的高光，如图 C9-8 所示。

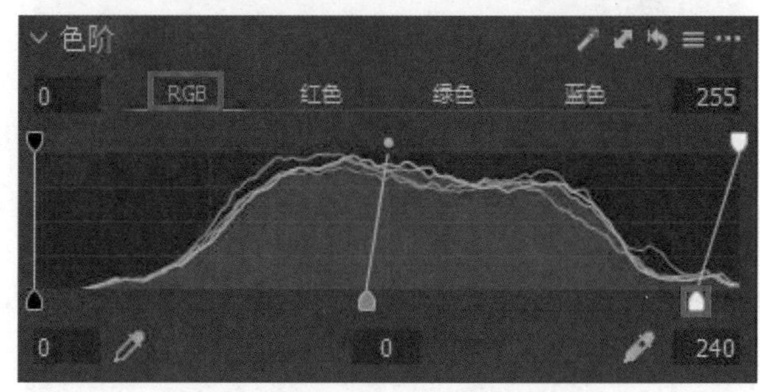

◎ 图 C9-8

调整“曲线”。调整 RGB 通道，增强图像的对比度，如图 C9-9 所示。

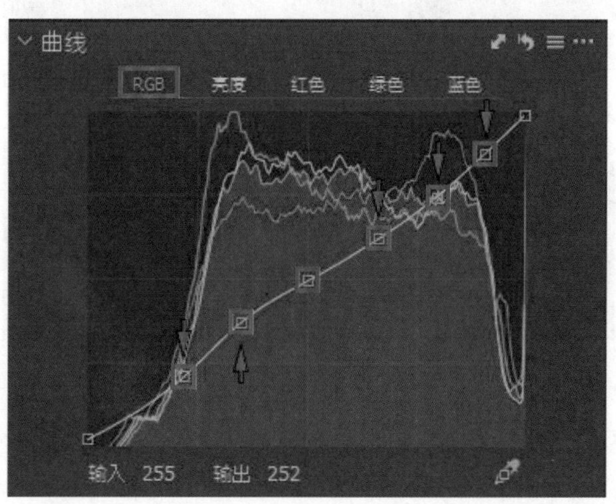

◎ 图 C9-9

继续调整“曲线”。切换到“亮度”通道，进一步增强图像的对比度，如图 C9-10 所示。

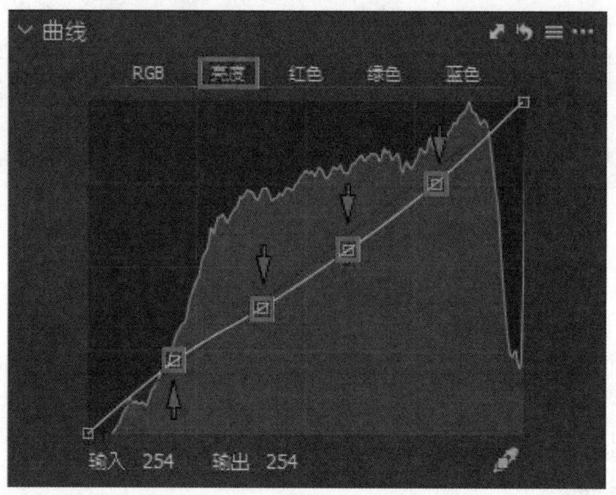

◎ 图 C9-10

切换到“红色”通道，为高光加红色，为暗部加青色，如图 C9-11 所示。

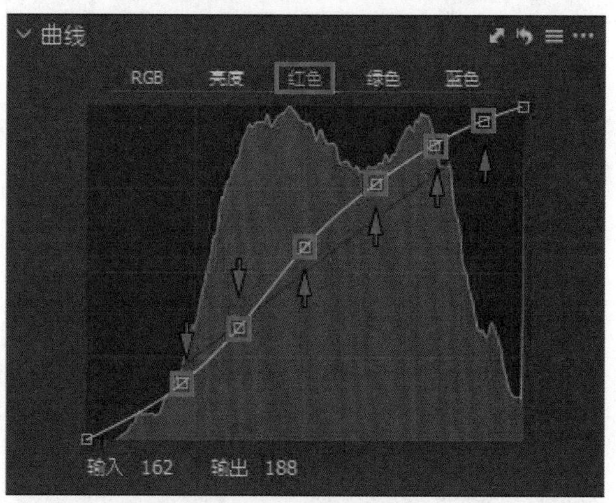

◎ 图 C9-11

切换到“绿色”通道，为高光加绿色，为暗部加洋红色，如图 C9-12 所示。

切换到“蓝色”通道，为高光加蓝色，为暗部加黄色，如图 C9-13 所示。

调整“色彩平衡”。为“阴影”加青色，为“中间调”加黄色，为“高光”加黄色，如图 C9-14 所示。

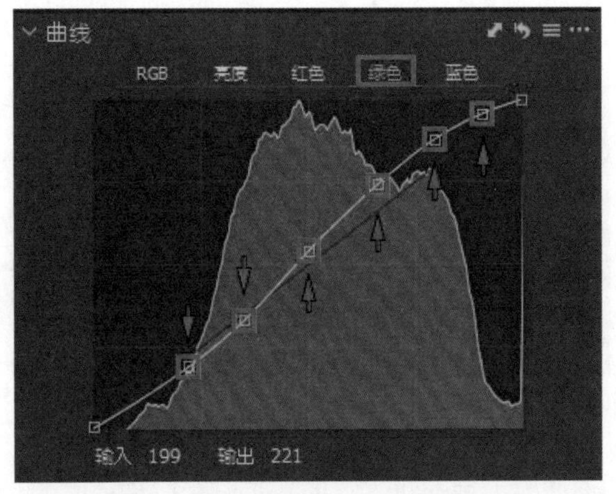

◎ 图 C9-12

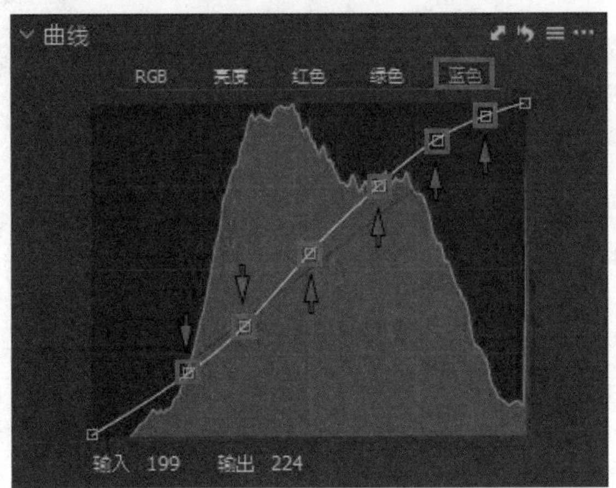

◎ 图 C9-13

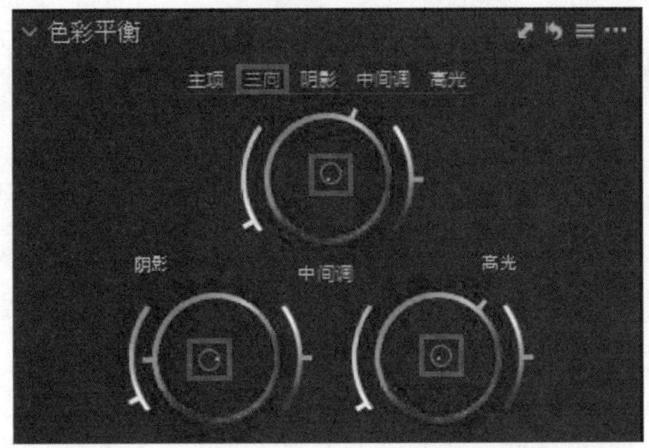

◎ 图 C9-14

调整“色彩编辑器”。提高复合通道的“饱和度”，如图 C9-15 所示。

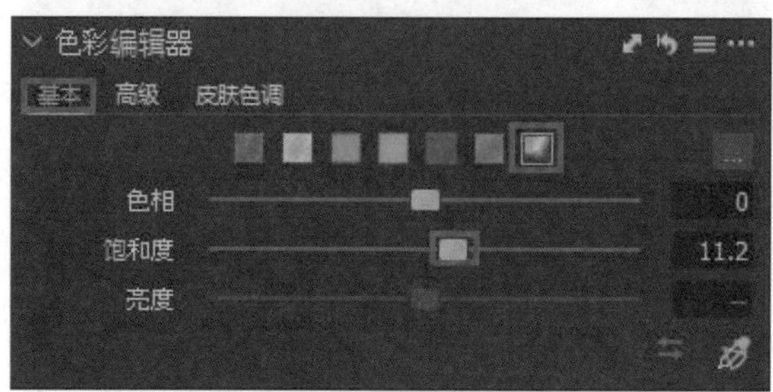

◎ 图 C9-15

调色完成，观察调整前后的对比效果，如图 C9-16 所示。

◎ 图 C9-16

C10 课 时尚粉灰色调

本课学习时尚粉灰色调的调色方法。将图 C10-1 所示的图像导入 Capture One 软件。

◎ 图 C10-1

调整“白平衡”。设置“色温”值为 5791，如图 C10-2 所示。

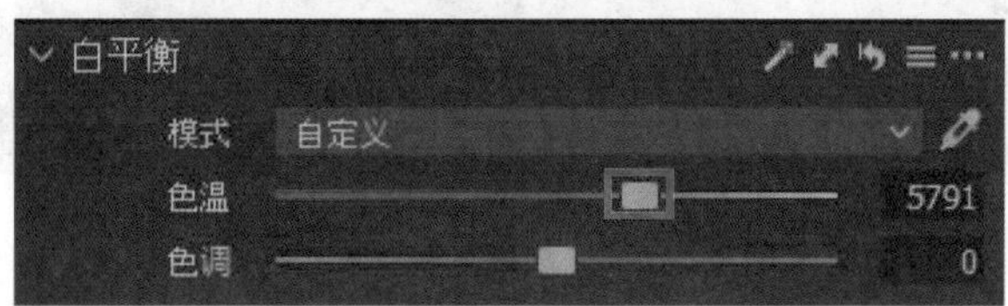

◎ 图 C10-2

调整“曝光”。提高“曝光”，降低“对比度”，如图 C10-3 所示。

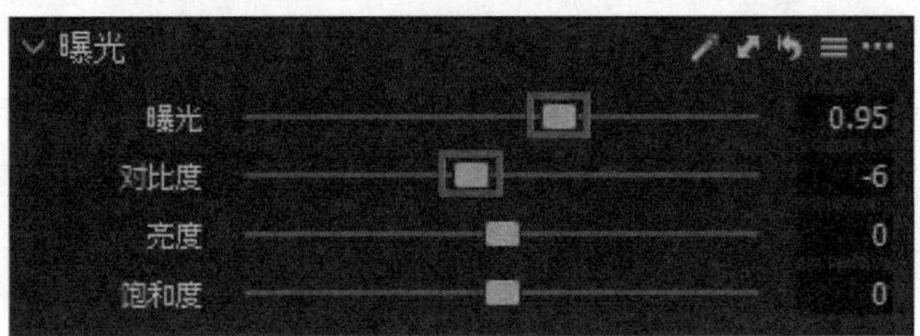

◎ 图 C10-3

调整“高动态范围”。降低“高光”，提高“阴影”，还原图像的更多细节，如图 C10-4 所示。

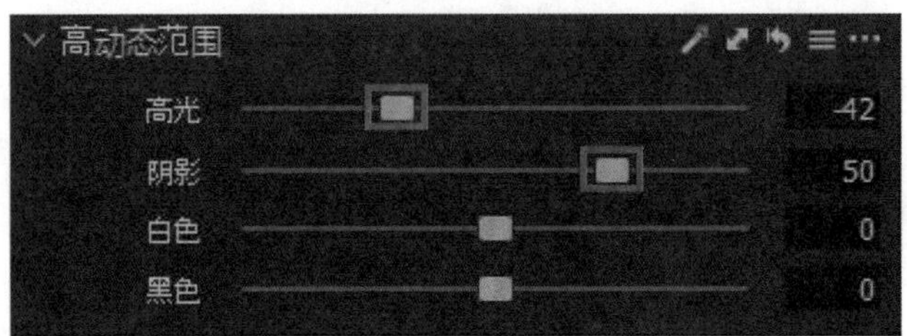

◎ 图 C10-4

调整“降噪”，去除图像的杂色，如图 C10-5 所示。

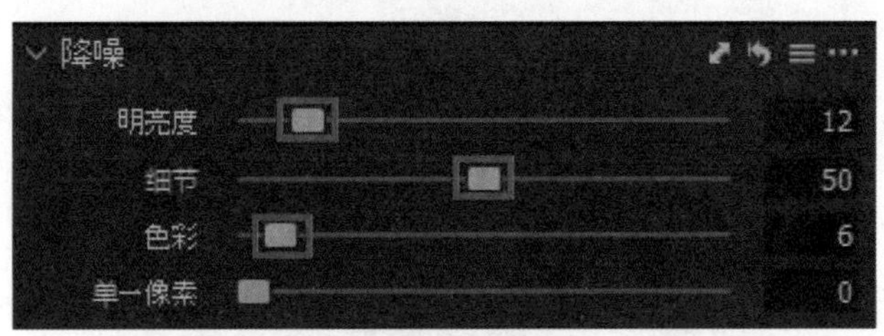

◎ 图 C10-5

调整“清晰度”，让图像更清晰，如图 C10-6 所示。

◎ 图 C10-6

调整“锐化”，增强图像的锐度，如图 C10-7 所示。

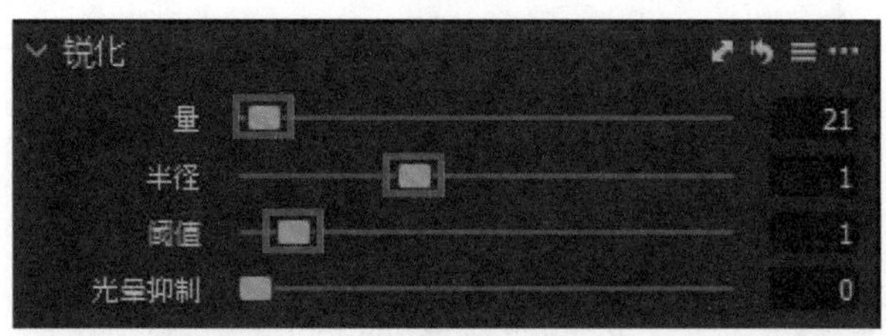

◎ 图 C10-7

调整“色阶”，提高图像的亮度，如图 C10-8 所示。

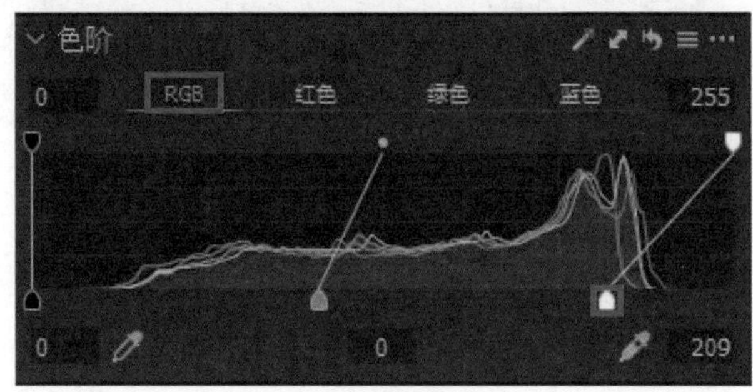

◎ 图 C10-8

调整“曲线”。调整 RGB 通道，增强图像的对比度，如图 C10-9 所示。

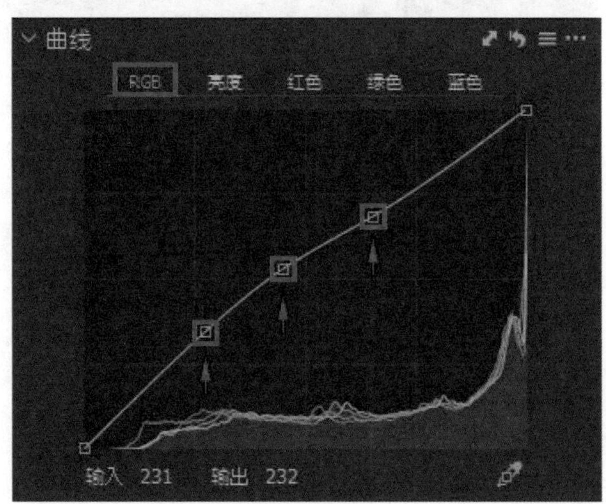

◎ 图 C10-9

继续调整“曲线”。切换到“亮度”通道，进一步增强图像的对比度，如图 C10-10 所示。

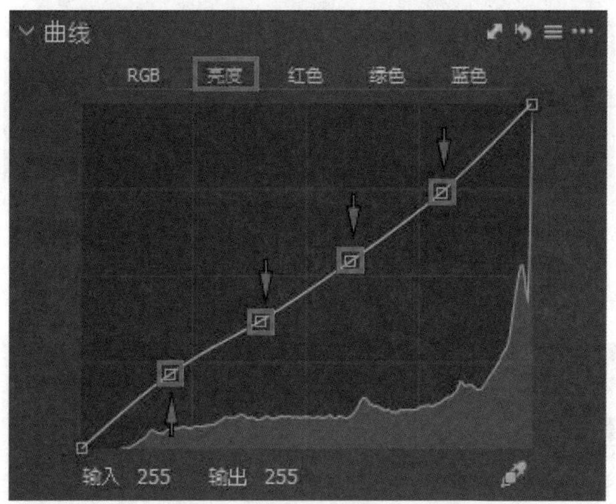

◎ 图 C10-10

切换到“红色”通道，为高光加红色，为暗部加青色，如图 C10-11 所示。

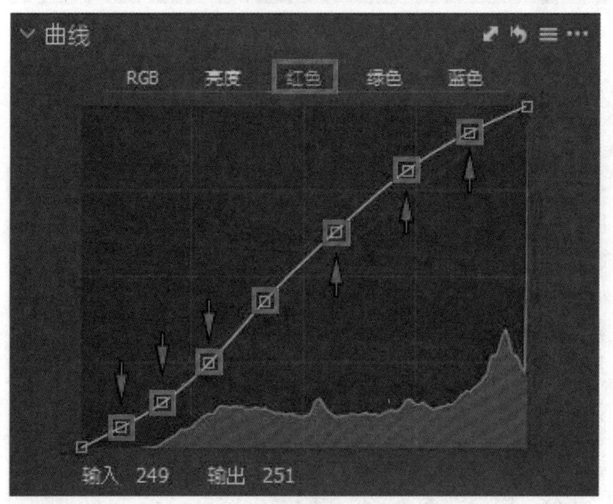

◎ 图 C10-11

切换到“绿色”通道，为高光加绿色，为暗部加洋红色，如图 C10-12 所示。

切换到“蓝色”通道，为高光加蓝色，为暗部加黄色，如图 C10-13 所示。

调整“色彩平衡”。调整“中间调”和“高光”的色相环为偏蓝色，如图 C10-14 所示。

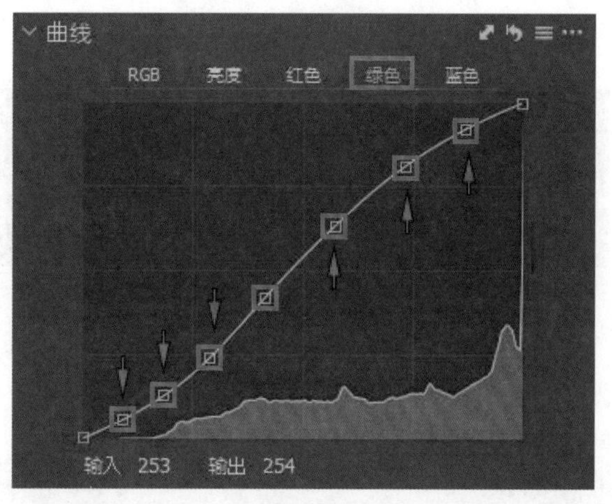

◎ 图 C10-12

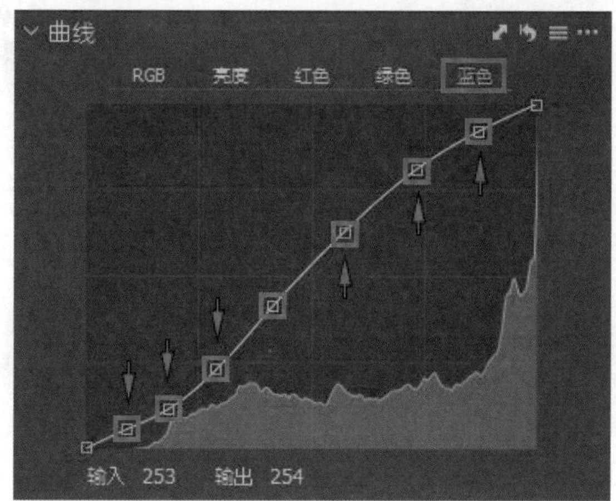

◎ 图 C10-13

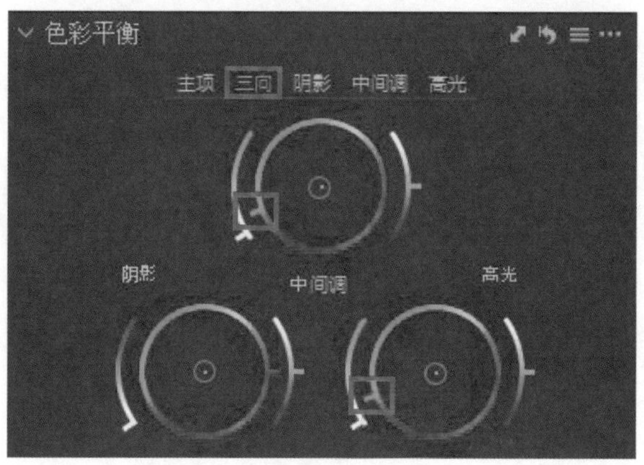

◎ 图 C10-14

调整“胶片颗粒”，为图像添加胶片效果，如图 C10-15 所示。

◎ 图 C10-15

调色完成，观察调整前后的对比效果，如图 C10-16 所示。

◎ 图 C10-16

C11 课 完美通透人像

本课学习完美通透人像的调色方法。将图 C11-1 所示的图像导入 Capture One 软件。

◎ 图 C11-1

调整“白平衡”。设置“色温”值为 6724，“色调”值为-5，如图 C11-2 所示。

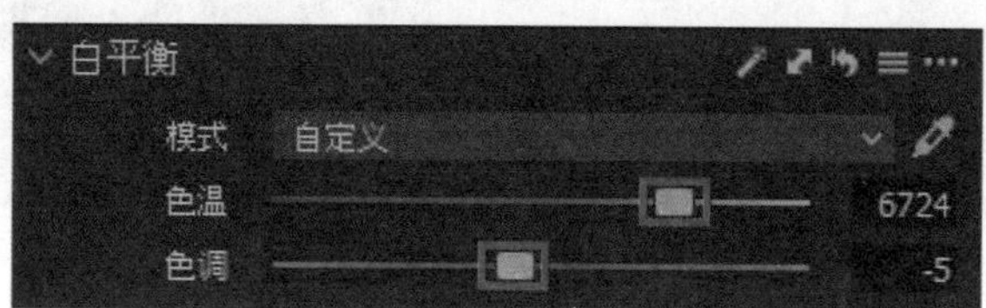

◎ 图 C11-2

调整“曝光”。提高“曝光”，降低“对比度”，柔化图像，提高“饱和度”，如图 C11-3 所示。

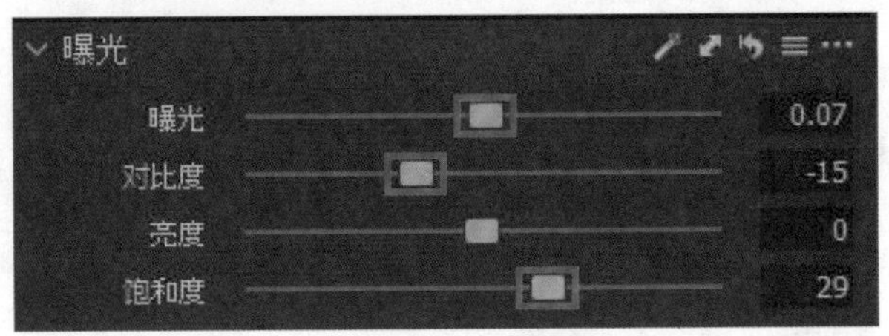

◎ 图 C11-3

调整“高动态范围”。提高“阴影”，还原图像的更多细节，如图 C11-4 所示。

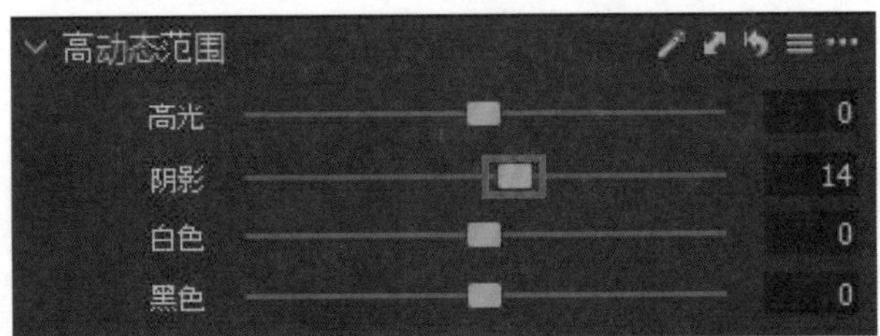

◎ 图 C11-4

调整“降噪”，去除图像的杂色，如图 C11-5 所示。

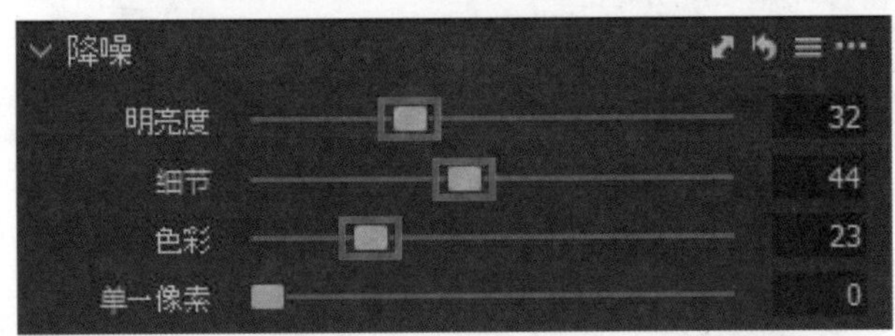

◎ 图 C11-5

调整“清晰度”，让图像更清晰，如图 C11-6 所示。

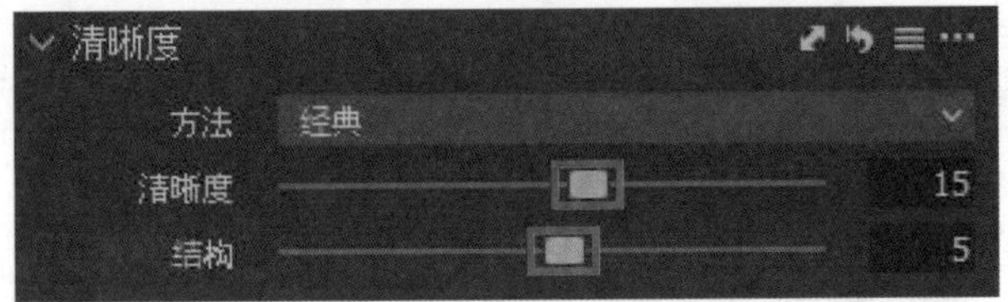

◎ 图 C11-6

调整“锐化”，增强图像的锐度，如图 C11-7 所示。

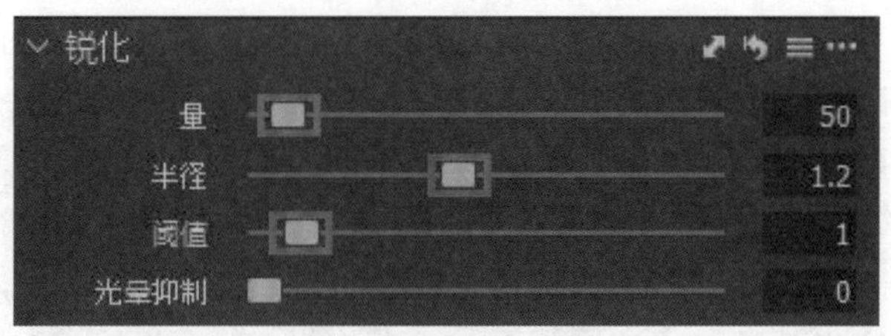

◎ 图 C11-7

调整“色阶”，压低亮部，提高阴影，去除图像的灰度，如图 C11-8 所示。

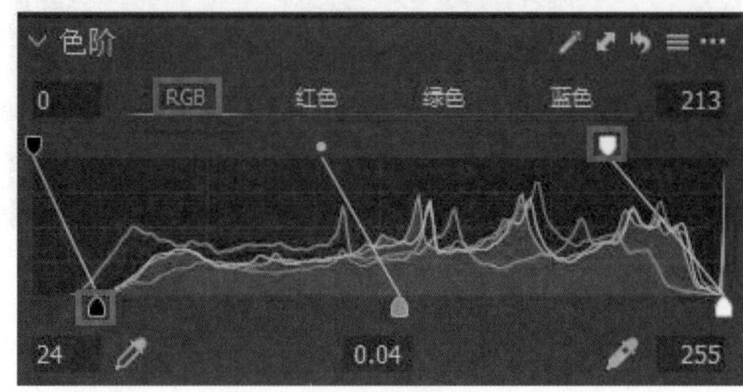

◎ 图 C11-8

调整“曲线”。调整 RGB 通道，增强图像的对比度，如图 C11-9 所示。

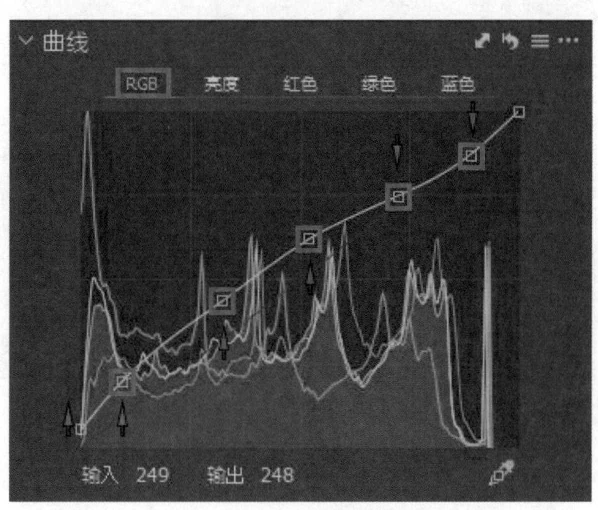

◎ 图 C11-9

继续调整“曲线”。切换到“亮度”通道，进一步增强图像的对比度，如图 C11-10 所示。

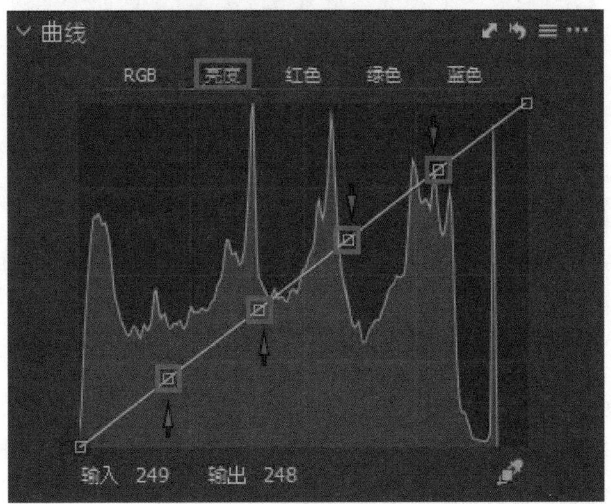

◎ 图 C11-10

切换到“红色”通道，为高光加红色，为暗部加青色，如图 C11-11 所示。

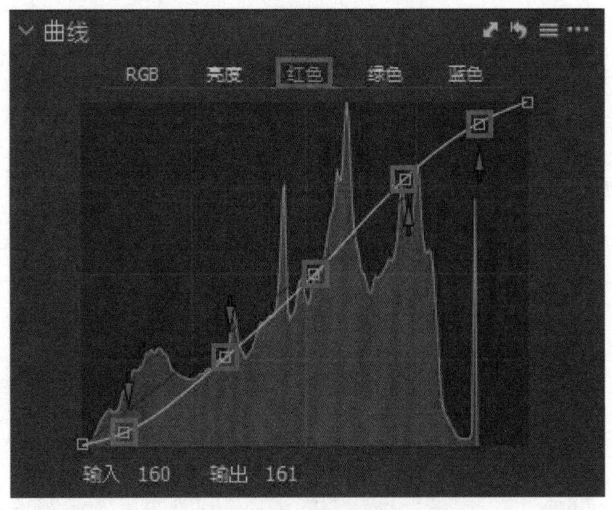

◎ 图 C11-11

切换到“绿色”通道，为高光加绿色，为暗部加洋红色，如图 C11-12 所示。

切换到“蓝色”通道，为高光加蓝色，为暗部加黄色，如图 C11-13 所示。

调整“色彩平衡”。为“阴影”加蓝色，为“中间调”加蓝色，为“高光”加少许蓝色，如图 C11-14 所示。

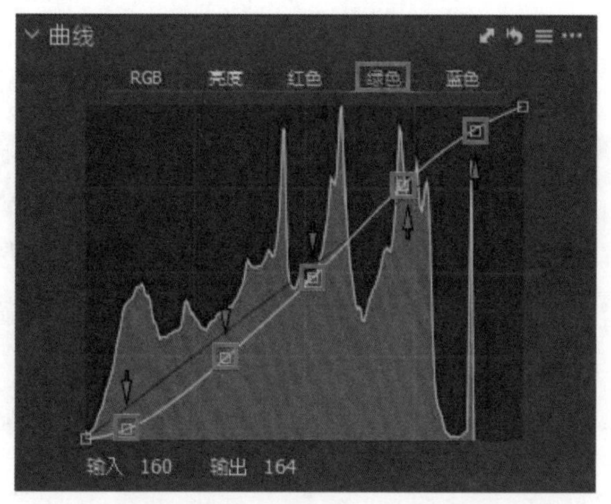

◎ 图 C11-12

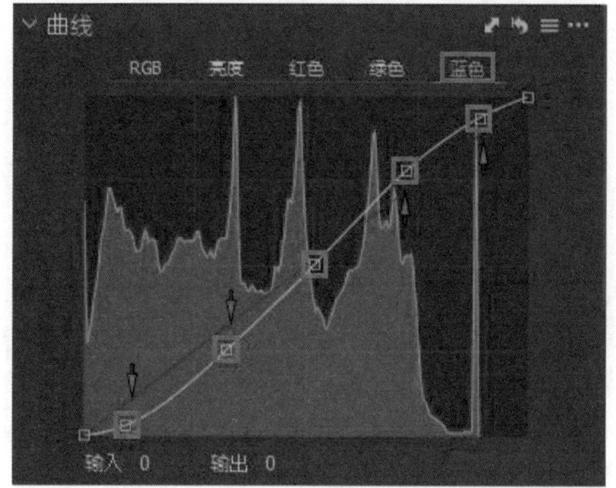

◎ 图 C11-13

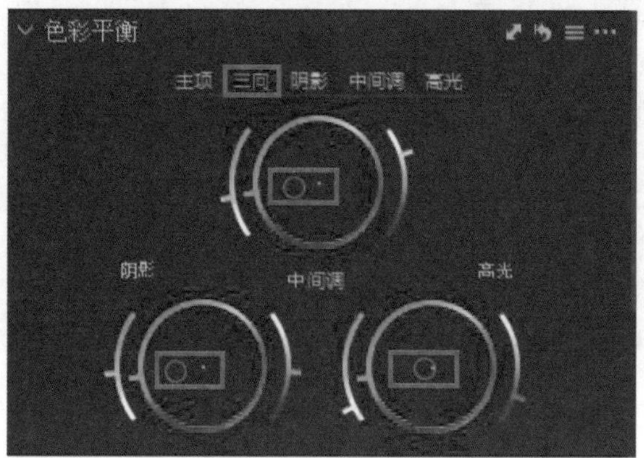

◎ 图 C11-14

调整“色彩编辑器”。选择“基本”里的复合通道，提高其“饱和度”，如图 C11-15 所示。

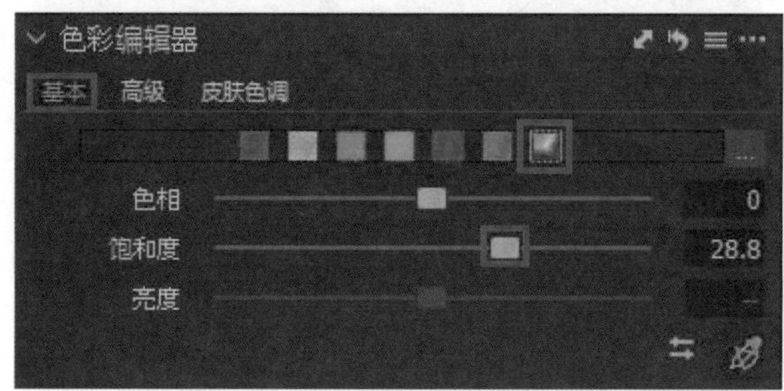

◎ 图 C11-15

调整“色彩编辑器”。选择“皮肤色调”，单击吸管工具，吸取人物的皮肤，在“量”的选项里，提高“饱和度”，如图 C11-16 所示。

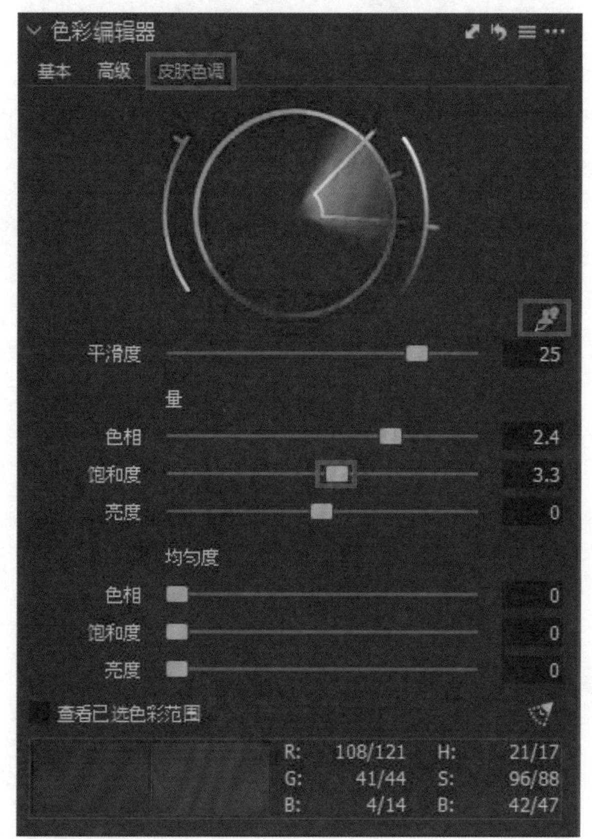

◎ 图 C11-16

调色完成，观察调整前后的对比效果，如图 C11-17 所示。

◎ 图 C11-17

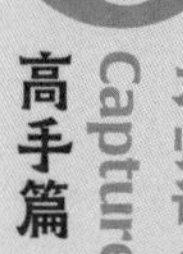

C12 课

异国风情波西米亚风

本课学习异国风情波西米亚风的调色方法。将图 C12-1 所示的图像导入 Capture One 软件。

◎ 图 C12-1

调整“白平衡”。设置“色温”值为 5090，“色调”值为-2.5，如图 C12-2 所示。

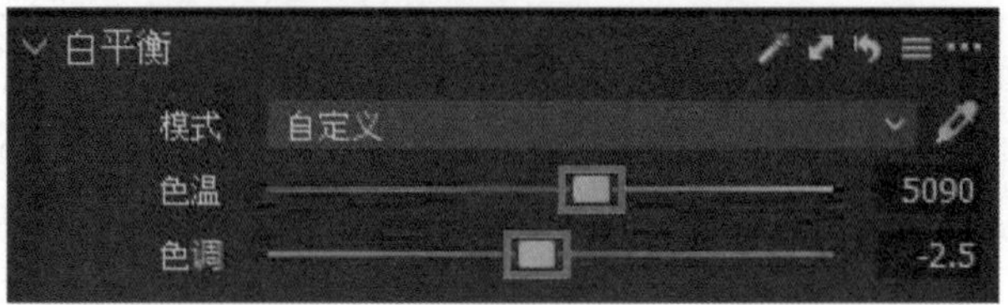

◎ 图 C12-2

调整“曝光”，提高“曝光”，增加“对比度”，降低“亮度”，如图 C12-3 所示。

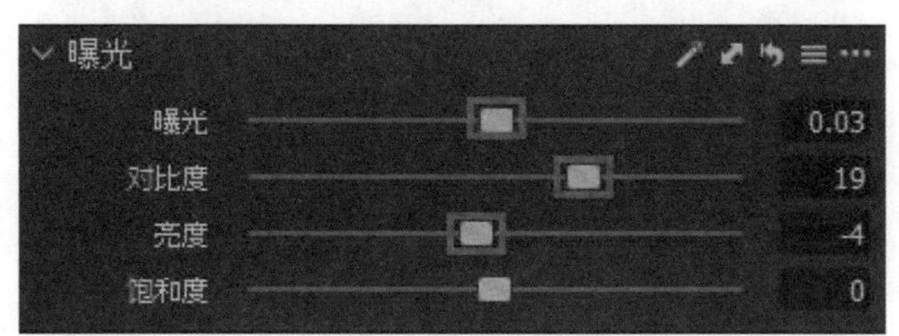

◎ 图 C12-3

调整“高动态范围”。降低“高光”，提高“阴影”，还原更多明暗细节，如图 C12-4 所示。

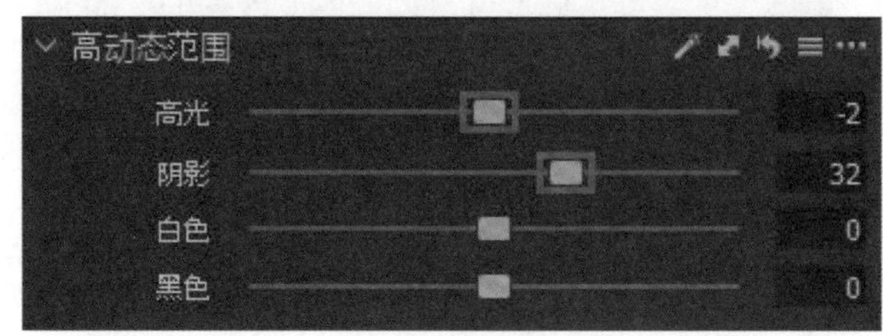

◎ 图 C12-4

调整“降噪”，去除图像的杂色，如图 C12-5 所示。

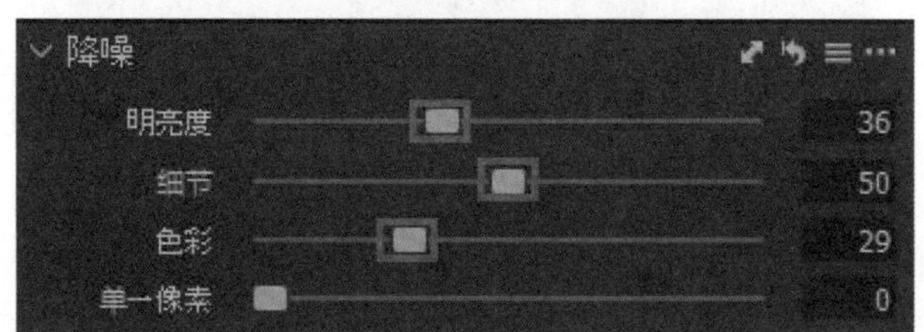

◎ 图 C12-5

调整“清晰度”，让图像更清晰，如图 C12-6 所示。

◎ 图 C12-6

调整“锐化”，增强图像的锐度，如图 C12-7 所示。

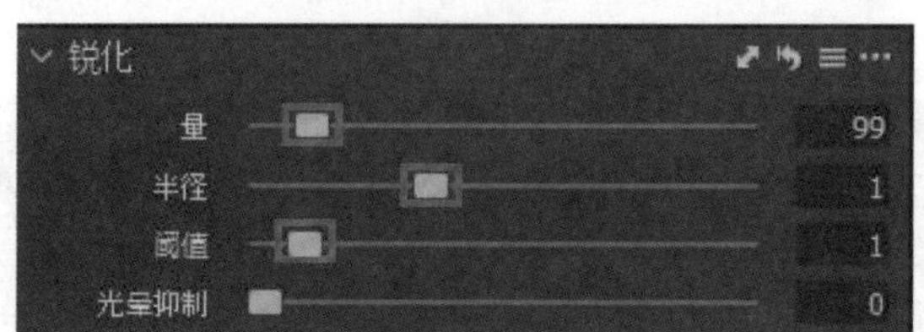

◎ 图 C12-7

调整“色阶”，压低暗部，去除图像灰度，如图 C12-8 所示。

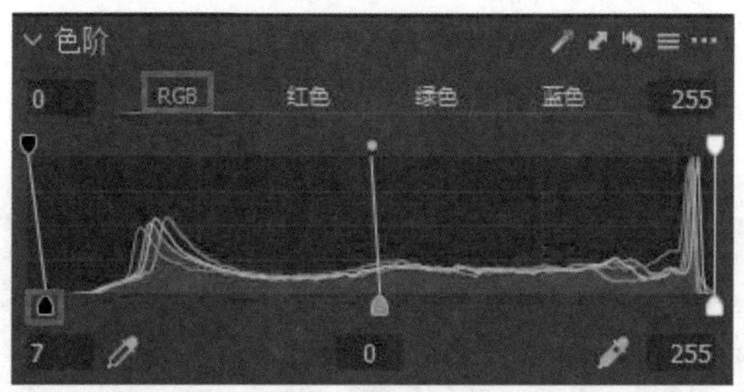

◎ 图 C12-8

调整“曲线”。调整 RGB 通道，增强图像的对比度，如图 C12-9 所示。

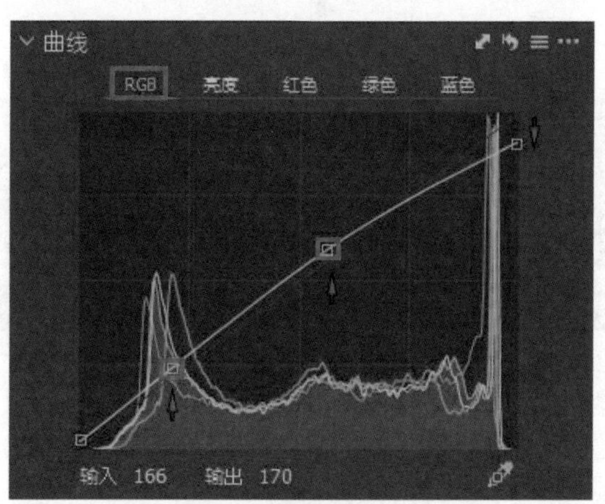

◎ 图 C12-9

继续调整“曲线”。切换到“亮度”通道，进一步增强图像的对比度，如图 C12-10 所示。

切换到“红色”通道，为全图加红色，如图 C12-11 所示。

切换到“绿色”通道，为全图加绿色，如图 C12-12 所示。

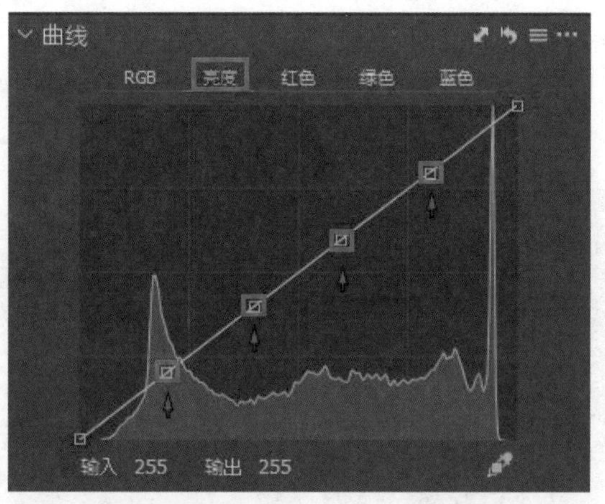

◎ 图 C12-10

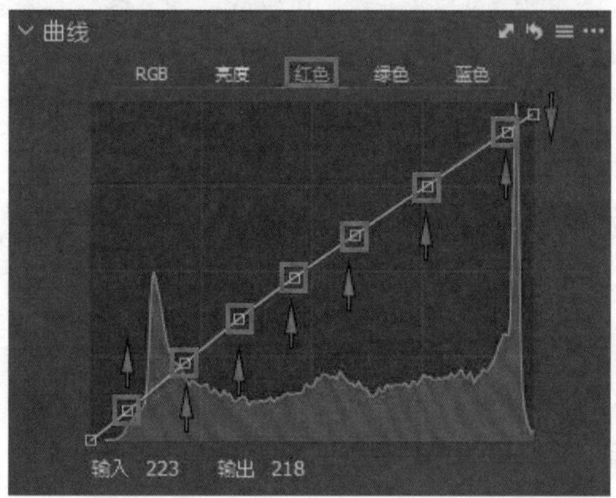

◎ 图 C12-11

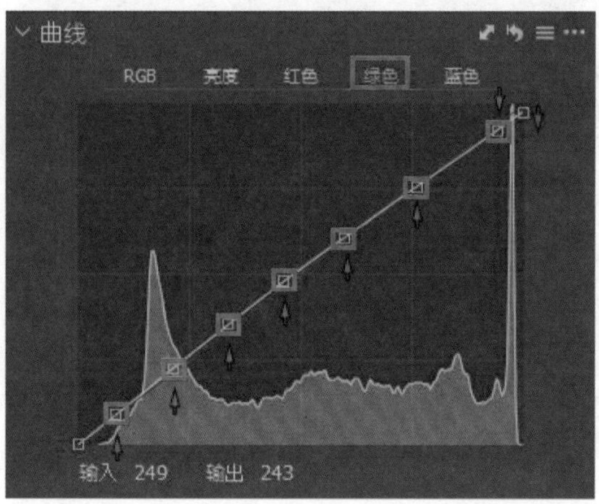

◎ 图 C12-12

切换到“蓝色”通道，为全图加蓝色，如图 C12-13 所示。

调整“色彩平衡”。为“阴影”加黄色，为“中间调”加黄色，为“高光”加黄色，如图 C12-14 所示。

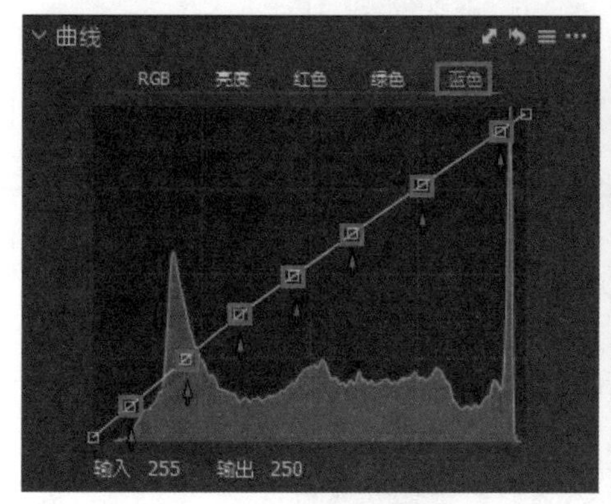

◎ 图 C12-13

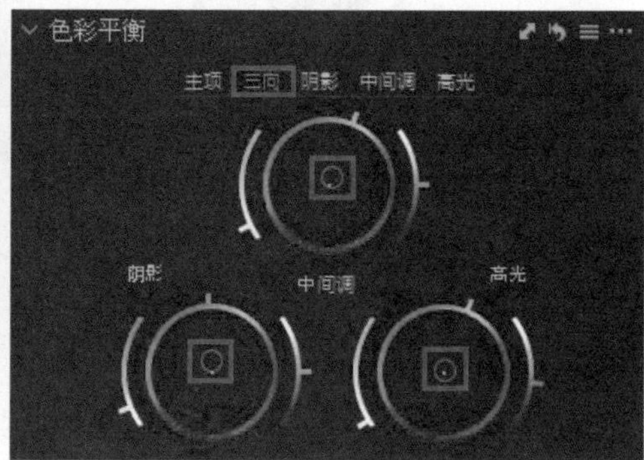

◎ 图 C12-14

调色完成，观察调整前后的对比效果，如图 C12-15 所示。

◎ 图 C12-15

C13 课
中性灰色调肤色

本课学习中性灰色调肤色的调色方法。将图 C13-1 所示的图像导入 Capture One 软件。

◎ 图 C13-1

调整“白平衡”。设置“色温”值为 5268，“色调”值为-5，如图 C13-2 所示。

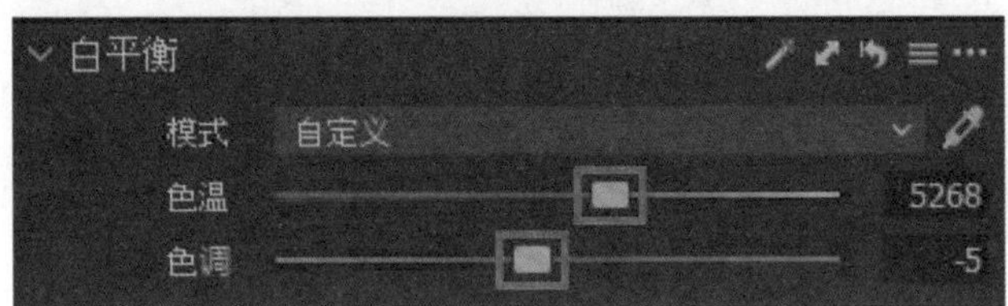

◎ 图 C13-2

调整“曝光”。提高“曝光”，降低“对比度”，柔化图像，提高“饱和度”，如图 C13-3 所示。

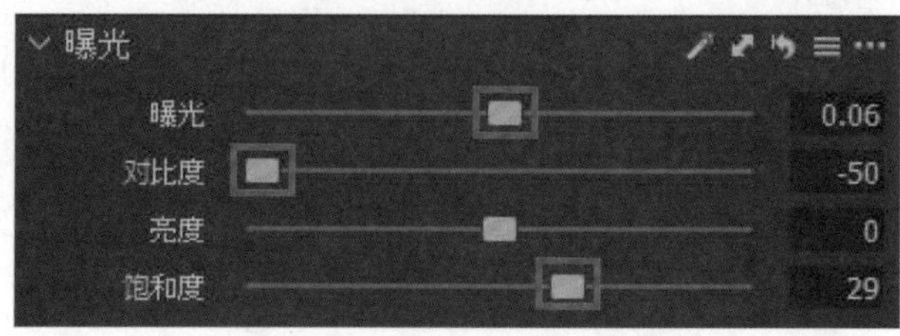

◎ 图 C13-3

调整“高动态范围”。降低“高光”，还原亮部更多细节，如图 C13-4 所示。

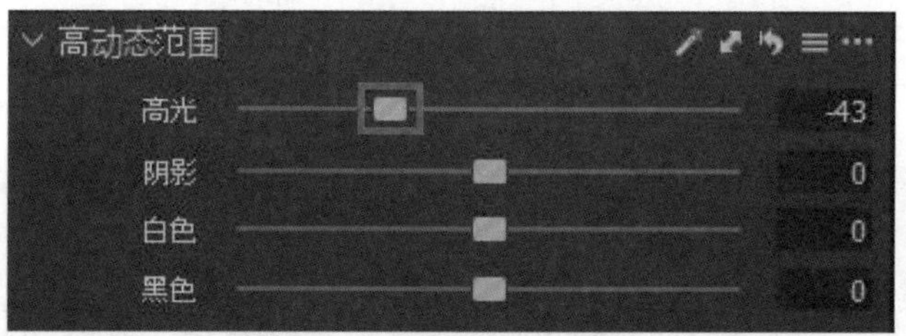

◎ 图 C13-4

调整“降噪”，去除图像的杂色，如图 C13-5 所示。

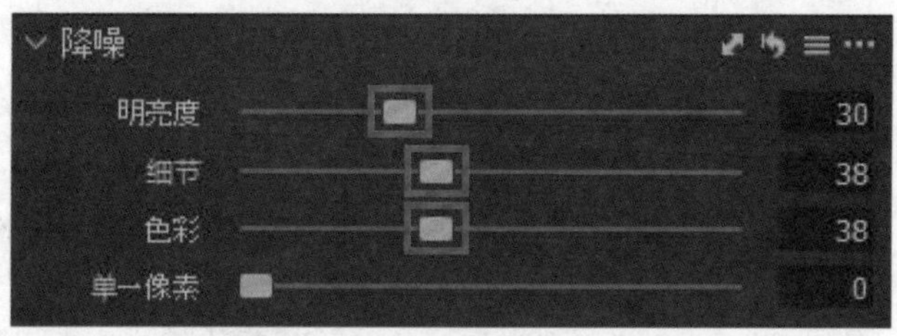

◎ 图 C13-5

调整“清晰度”，让图像更清晰，如图 C13-6 所示。

◎ 图 C13-6

调整“锐化”，增强图像的锐度，如图 C13-7 所示。

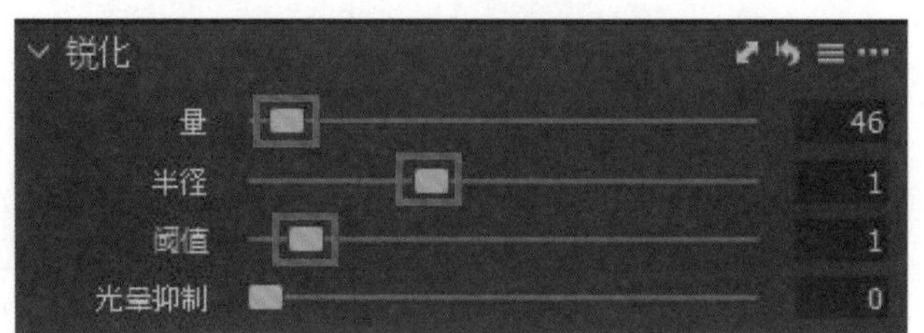

◎ 图 C13-7

调整“色阶”。调整高光和暗部，增强图像的对比度，如图 C13-8 所示。

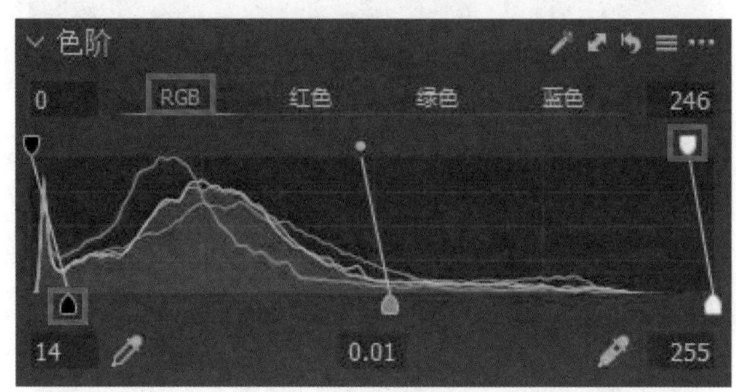

◎ 图 C13-8

调整“曲线”。调整 RGB 通道，增强图像的对比度，如图 C13-9 所示。

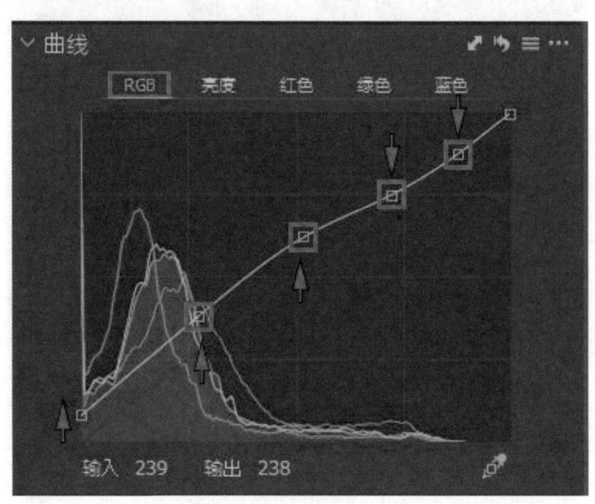

◎ 图 C13-9

继续调整“曲线”。切换到“亮度”通道，进一步增强图像的对比度，如图 C13-10 所示。

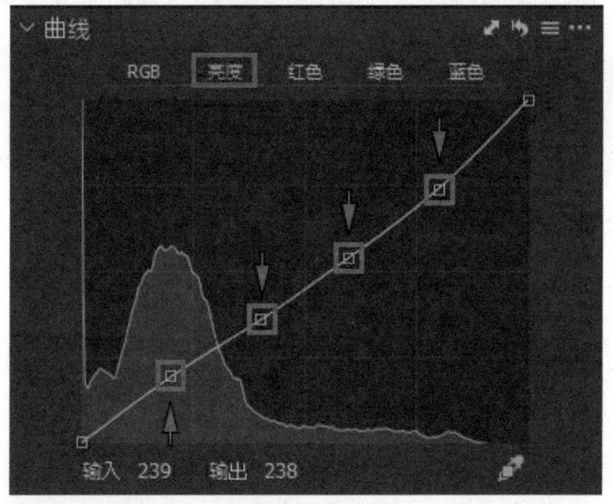

◎ 图 C13-10

切换到“红色”通道，为高光加红色，为暗部加青色，如图 C13-11 所示。

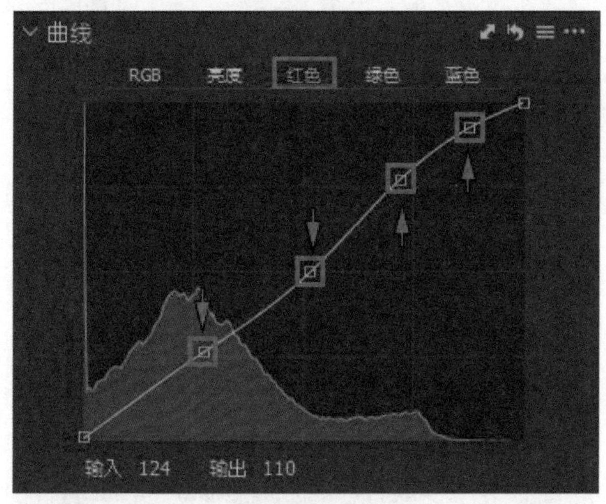

◎ 图 C13-11

切换到“绿色”通道，为高光加绿色，为暗部加洋红色，如图 C13-12 所示。

切换到“蓝色”通道，为高光加蓝色，为暗部加黄色，如图 C13-13 所示。

调整“色彩平衡”。为“阴影”加青色，为“中间调”加青色，为“高光”加青色，如图 C13-14 所示。

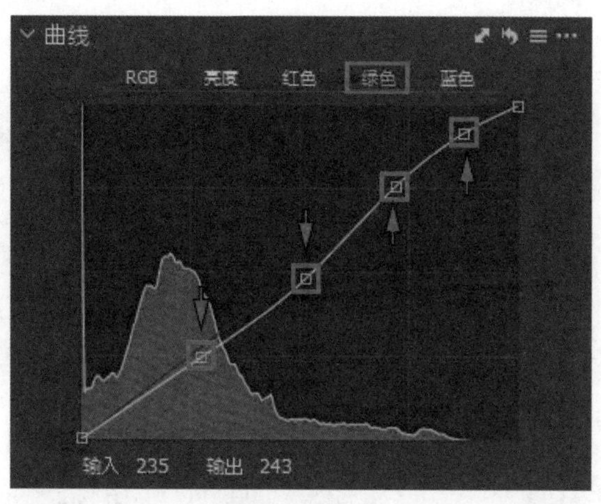

◎ 图 C13-12

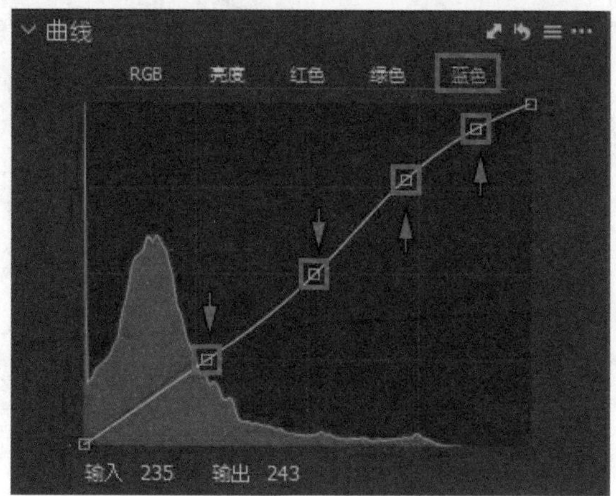

◎ 图 C13-13

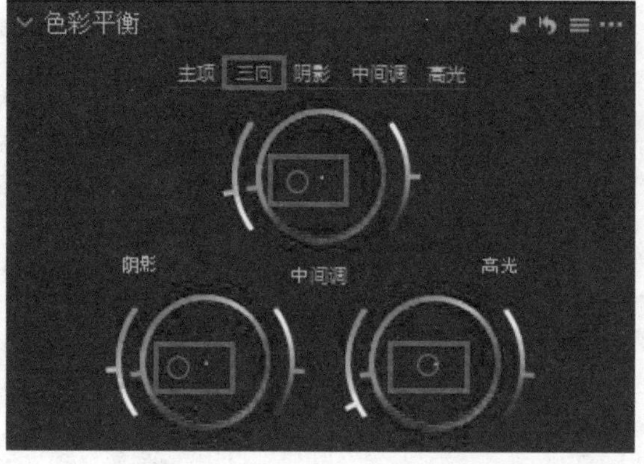

◎ 图 C13-14

调整“色彩编辑器”，提高复合通道的“饱和度”，如图 C13-15 所示。

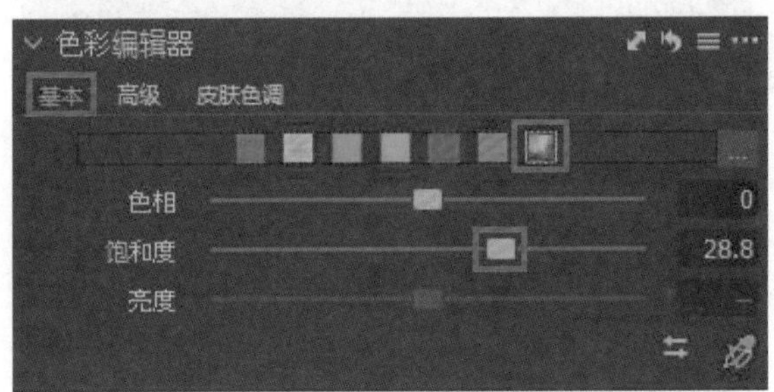

◎ 图 C13-15

调色完成，观察调整前后的对比效果，如图 C13-16 所示。

◎ 图 C13-16